菜根谭

〔明〕 洪应明 撰

中华书局

前　言

　　喧嚣之当下，如何安身立命的同时获得一份宁静、一份淡然？下班路上，晚饭之后，沏杯清茶，看看我们智慧的前辈如何耕读传家，如何经风历霜，不失为一件乐事。

　　菜根，本是食之无味、人皆弃之的东西，看惯宦海惊涛骇浪而归隐山林的明代人洪应明却认为"菜根中有真味"，从粗茶淡饭的日常中体悟如何面对命运过好生活，如何涉世如何待人，朴素而深远的生活智慧凝成《菜根谭》，流传后世。

　　明代文人陈继儒的清言小品《小窗幽记》，用清新晓畅的话语、独中肯綮的格调，谈景谈人，聊情聊韵，既有儒家之积极入世，也见道佛的清虚超凡，还有浓浓的美丽。

　　清人王永彬寒夜与家人围炉而坐，烧煨山芋之时，火光映照下与儿孙悠悠而聊家常人生之温馨宁静，娓娓而谈父慈子孝的伦理之乐、修身立命的处世哲学，得佳句随手记之，终成经典的格言家训——《围炉夜话》。

天资聪颖、博通经史的清人张潮则将自己读书作画、谈禅论道、悠游山水、饮酒交游的生活雅趣浓缩在《幽梦影》中，林语堂评价："这是一部文艺的格言集，这一类的集子在中国很多，可没有一部可和张潮自己所写的相比拟。"

这四部流传几百年的经典之作，饱含着处世的智慧和生活的美学，《菜根谭》《围炉夜话》与《小窗幽记》，更被誉为古代"处世三大奇书"。这四部箴言小品，精致典雅，言简意赅，文风清新晓畅。今将它们纂集在一起，命名为《处世妙品》，希望它可以使您冲淡平和地面对人生，能助您发现平凡生活中不易觉察的美好，修己立身，进退有度，在纷繁的世界中找到个人的精神追求，活出率真的自己。

茶，细细品；路，悠悠走；书，慢慢读。阅读变为悦读，生活化为乐活。

中华书局编辑部

2020 年 7 月

目录

修

省

001

欲做精金美玉的人品，定从烈火中煅来；思立掀天揭地的事功，须向薄冰上履过。

002

一念错，便觉百行皆非，防之当如渡海浮囊，勿容一针之罅漏；万善全，始得一生无愧，修之当如凌云宝树，须假众木以撑持。

003

忙处事为，常向闲中先检点，过举自稀；动时念想，预从静里密操持，非心自息。

004

为善而欲自高胜人，施恩而欲要名结好，修业而欲惊世骇俗，植节而欲标异见奇，此皆是善念中戈矛、理路上荆棘，最易夹带、最难拔除者也。须是涤尽渣滓，斩绝萌芽，才见本来真体。

005

能轻富贵，不能轻一轻富贵之心；能重名义，又复重一重名义之念。是事境之尘氛未扫，而心境之芥蒂未忘。此处拔除不净，恐石去而草复生矣。

006

纷扰固溺志之场，而枯寂亦槁心之地，故学者当栖心元默，以宁吾真体；亦当适志恬愉，以养吾圆机。

007

昨日之非不可留，留之则根烬复萌，而尘情终累乎理趣；今日之是不可执，执之则渣滓未化，而理趣反转为欲根。

008

无事便思有闲杂念想否，有事便思有粗浮意气否；得意便思有骄矜辞色否，失意便思有怨望情怀否。时时检点，到得从多入少、从有入无处，才是学问的真消息。

009

立业建功，事事要从实地着脚，若少慕声闻，便成伪果；讲道修德，念念要从虚处立基，若稍计功效，便落尘情。

010

身不宜忙，而忙于闲暇之时，亦可儆惕惰气；心不可放，而放于收摄之后，亦可鼓畅天机。

011

钟鼓体虚，为声闻而招击撞；麋鹿性逸，因豢养而受羁縻。可见名为招祸之本，欲乃散志之媒，学者不可不力为扫除也。

012

一念常惺，才避去神弓鬼矢；纤尘不染，方解开地网天罗。

013

一点不忍的念头，是生民生物之根芽；一段不为的气节，是撑天撑地之柱石，故君子于一虫一蚁不忍伤残，一缕一丝勿容贪冒，便可为万物立命、天地立心矣。

014

拨开世上尘氛，胸中自无火炎冰兢；消却心中鄙吝，眼前时有月到风来。

015

学者动静殊操、喧寂异趣，还是煅炼未熟、心神混淆故耳。须是操存涵养，定云止水中，有鸢飞鱼跃的景象；风狂雨骤处，有波恬浪静的风光，才见处一化齐之妙。

016

心是一颗明珠。以物欲障蔽之，犹明珠而混以泥沙，其洗涤犹易；以情识衬贴之，犹明珠而饰以银黄，其涤除最难，故学者不患垢病，而患洁病之难治；不畏事障，而畏理障之难除。

017

躯壳的我要看得破，则万有皆空而其心常虚，虚则义理来居；性命的我要认得真，则万理皆备而其心常实，实则物欲不入。

018

面上扫开十层甲，眉目才无可憎；胸中涤去数斗尘，语言方觉有味。

019

完的心上之本来，方可言了心；尽的世间之常道，才堪论出世。

020

我果为洪炉大冶，何患顽金钝铁之不可陶镕；
我果为巨海长江，何患横流污渎之不能容纳。

021

白日欺人，难逃清夜之鬼报；红颜失志，空贻
皓首之悲伤。

022

以积货财之心积学问，以求功名之念求道德，
以爱妻子之心爱父母，以保爵位之策保国家，出此入
彼，念虑只差毫末，而超凡入圣，人品且判星渊矣。
人胡不猛然转念哉！

立百福之基，只在一念慈祥；开万善之门，无
如寸心挹损。

塞得物欲之路，才堪辟道义之门；驰得尘俗之肩，
方可挑圣贤之担。

融得性情上偏私，便是一大学问；消得家庭内
嫌隙，便是一大经纶。

026

功夫自难处做去者，如逆风鼓棹，才是一段真精神；学问自苦中得来者，似披沙获金，才是一个真消息。

027

执拗者福轻，而圆融之人其禄必厚；操切者寿夭，而宽厚之士其年必长，故君子不言命，养性即所以立命；亦不言天，尽人自可以回天。

才智英敏者，宜以学问摄其躁；气节激昂者，当以德性融其偏。

云烟影里现真身，始悟形骸为桎梏；禽鸟声中闻自性，方知情识是戈矛。

人欲从初起处翦除，便似新刍遽斩，其工夫极易；天理自乍明时充拓，便如尘镜复磨，其光彩更新。

031

一勺水便具四海水味，世法不必尽尝；千江月总是一轮月光，心珠宜当独朗。

032

得意处论地谈天，俱是水底捞月；拂意时吞冰啮雪，才为火内栽莲。

033

事理因人言而悟者，有悟还有迷，总不如自悟之了了；意兴从外境而得者，有得还有失，总不如自得之休休。

034

情之同处即为性，舍情则性不可见；欲之公处即为理，舍欲则理不可明，故君子不能灭情，惟事平情而已；不能绝欲，惟期寡欲而已。

035

欲遇变而无仓忙，须向常时念念守得定；欲临死而无贪恋，须向生时事事看得轻。

036

一念过差，足丧生平之善；终身检饬，难盖一事之愆。

从五更枕席上参勘心体，气未动，情未萌，才见本来面目；向三时饮食中谙练世味，浓不欣，淡不厌，方为切实工夫。

应

酬

038

操存要有真宰，无真宰则遇事便倒，何以植顶
天立地之砥柱？应用要有圆机，无圆机则触物有碍，
何以成旋乾转坤之经纶？

039

士君子之涉世，于人不可轻为喜怒，喜怒轻，
则心腹肝胆皆为人所窥；于物不可重为爱憎，爱憎重，
则意气精神悉为物所制。

040

倚高才而玩世，背后须防射影之虫；饰厚貌以欺人，面前恐有照胆之镜。

041

心体澄彻，常在明镜止水之中，则天下自无可厌之事；意气和平，常在丽日光风之内，则天下自无可恶之人。

042

当是非邪正之交，不可少迁就，少迁就则失从违之正；值利害得失之会，不可太分明，太分明则起趋避之私。

043

苍蝇附骥，捷则捷矣，难辞处后之羞；茑萝依松，高则高矣，未免仰攀之耻，所以君子宁以风霜自挟，毋为鱼鸟亲人。

044

好丑心太明，则物不契；贤愚心太明，则人不亲。士君子须是内精明而外浑厚，使好丑两得其平，贤愚共受其益，才是生成的德量。

045

伺察以为明者，常因明而生暗，故君子以恬养智；奋迅以为速者，多因速而致迟，故君子以重持轻。

046

士君子济人利物，宜居其实，不宜居其名，居其名则德损；士大夫忧国为民，当有其心，不当有其语，有其语则毁来。

047

遇大事矜持者，小事必纵弛；处明庭检饰者，暗室必放逸。君子只是一个念头持到底，自然临小事如临大敌，坐密室若坐通衢。

048

使人有面前之誉，不若使其无背后之毁；使人
有乍交之欢，不若使其无久处之厌。

049

善启迪人心者，当因其所明而渐通之，毋强开
其所闭；善移易风化者，当因其所易而渐及之，毋轻
矫其所难。

050

彩笔描空，笔不落色，而空亦不受染；利刀割水，
刀不损锷，而水亦不留痕。得此意以持身涉世，感与
应俱适，心与境两忘矣。

己之情欲不可纵，当用逆之之法以制之，其道只在一"忍"字；人之情欲不可拂，当用顺之之法以调之，其道只在一"恕"字。今人皆恕以适己而忍以制人，毋乃不可乎？

好察非明，能察能不察之谓明；必胜非勇，能胜能不胜之谓勇。

053

随时之内善救时，若和风之消酷暑；混俗之中
能脱俗，似淡月之映轻云。

054

思入世而有为者，须先领得世外风光，否则无
以脱垢浊之尘缘；思出世而无染者，须先谙尽世中滋
味，否则无以持空寂之苦趣。

055

与人者，与其易疏于终，不若难亲于始；御事者，
与其巧持于后，不若拙守于前。

056

酷烈之祸，多起于玩忽之人；盛满之功，常败于细微之事，故语云："人人道好，须防一人着恼；事事有功，须防一事不终。"

057

功名富贵，直从灭处观究竟，则贪恋自轻；横逆困穷，直从起处究由来，则怨尤自息。

058

宇宙内事要力担当，又要善摆脱。不担当，则无经世之事业；不摆脱，则无出世之襟期。

059

待人而留有余不尽之恩礼，则可以维系无厌之
人心；御事而留有余不尽之才智，则可以提防不测之
事变。

060

了心自了事，犹根拔而草不生；逃世不逃名，
似膻存而蚋仍集。

061

仇边之弩易避，而恩里之戈难防；苦时之坎易逃，
而乐处之阱难脱。

062

膻秽则蝇蚋丛嘬，芳馨则蜂蝶交侵，故君子不作垢业，亦不立芳名。只是元气浑然，圭角不露，便是持身涉世一安乐窝也。

063

从静中观物动，向闲处看人忙，才得超尘脱俗的趣味；遇忙处会偷闲，处闹中能取静，便是安身立命的工夫。

064

邀千百人之欢，不如释一人之怨；希千百事之荣，不如免一事之丑。

065

落落者，难合亦难分；欣欣者，易亲亦易散，是以君子宁以刚方见惮，毋以媚悦取容。

066

意气与天下相期，如春风之鼓畅庶类，不宜存半点隔阂之形；肝胆与天下相照，似秋月之洞彻群品，不可作一毫暧昧之状。

067

仕途虽赫奕，常思林下的风味，则权势之念自轻；世途虽纷华，常思泉下的光景，则利欲之心自淡。

068

鸿未至先援弓，兔已亡再呼矢，总非当机作用；风息时休起浪，岸到处便离船，才是了手工夫。

069

从热闹场中出几句清冷言语，便扫除无限杀机；向寒微路上用一点赤热心肠，自培植许多生意。

随缘便是遣缘，似舞蝶与飞花共适；顺事自然无事，若满月偕盂水同圆。

淡泊之守，须从浓艳场中试来；镇定之操，还向纷纭境上勘过。不然操持未定，应用未圆，恐一临机登坛，而上品禅师又成一下品俗士矣。

廉所以戒贪，我果不贪，又何必标一廉名，以来贪夫之侧目；让所以戒争，我果不争，又何必立一让的，以致暴客之弯弓。

无事常如有事时提防，才可以弥意外之变；有事常如无事时镇定，方可以消局中之危。

处世而欲人感恩，便为敛怨之道；遇事而为人除害，即是导利之机。

持身如泰山九鼎凝然不动，则愆尤自少；应事若流水落花悠然而逝，则趣味常多。

君子严如介石，而畏其难亲，鲜不以明珠为怪物而起按剑之心；小人滑如脂膏，而喜其易合，鲜不以毒螫为甘饴而纵染指之欲。

遇事只一味镇定从容，纵纷若乱丝，终当就绪；待人无半毫矫伪欺隐，虽狡如山鬼，亦自献诚。

078

肝肠煦若春风，虽囊乏一文，还怜茕独；气骨清如秋水，纵家徒四壁，终傲王公。

079

讨了人事的便宜，必受天道的亏；贪了世味的滋益，必招性分的损。涉世者宜审择之，慎毋贪黄雀而坠深井，舍隋珠而弹飞禽也。

080

费千金而结纳贤豪，孰若倾半瓢之粟以济饥饿之人；构千楹而招来宾客，孰若葺数椽之茅以庇孤寒之士。

081

解斗者助之以威,则怒气自平;惩贪者济之以欲,则利心反淡。所谓因其势而利导之,亦救时应变一权宜法也。

082

市恩不如报德之为厚,雪忿不若忍耻之为高,要誉不如逃名之为适,矫情不若直节之为真。

083

救既败之事者，如驭临崖之马，休轻策一鞭；图垂成之功者，如挽上滩之舟，莫少停一棹。

084

先达笑弹冠，休向侯门轻曳裾；相知犹按剑，莫从世路暗投珠。

085

杨修之躯见杀于曹操，以露己之长也；韦诞之墓见伐于钟繇，以秘己之美也，故哲士多匿采以韬光，至人常逊美而公善。

少年的人，不患其不奋迅，常患以奋迅而成卤莽，故当抑其躁心；老成的人，不患其不持重，常患以持重而成退缩，故当振其惰气。

舌存常见齿亡，刚强终不胜柔弱；户朽未闻枢蠹，偏执岂能及圆融？

评

议

物莫大于天地日月，而子美云："日月笼中鸟，乾坤水上萍。"事莫大于揖逊征诛，而康节云："唐虞揖逊三杯酒，汤武征诛一局棋。"人能以此胸襟眼界吞吐六合，上下千古，事来如沤生大海，事去如影灭长空，自经纶万变而不动一尘矣。

089

　君子好名，便起欺人之念；小人好名，犹怀畏
人之心，故人而皆好名，则开诈善之门；使人而不好
名，则绝为善之路。此讥好名者，当严责夫君子，不
当过求于小人也。

090

　大恶多从柔处伏，哲士须防绵里之针；深仇常
自爱中来，达人宜远刀头之蜜。

091

　　持身涉世，不可随境而迁。须是大火流金而清风穆然，严霜杀物而和气蔼然，阴霾翳空而慧日朗然，洪涛倒海而砥柱屹然，方是宇宙内的真人品。

092

　　爱是万缘之根，当知割舍；识是众欲之本，要力扫除。

093

　　作人要脱俗，不可存一矫俗之心；应世要随时，不可起一趋时之念。

094

宁有求全之毁，不可有过情之誉；宁有无妄之灾，不可有非分之福。

095

毁人者不美，而受人毁者，遭一番讪谤，便加一番修省，可以释回而增美；欺人者非福，而受人欺者，遇一番横逆，便长一番器宇，可以转祸而为福。

096

梦里悬金佩玉，事事逼真，睡去虽真觉后假；闲中演偈谈玄，言言酷似，说来虽是用时非。

097

　　天欲祸人，必先以微福骄之，所以福来不必喜，要看他会受；天欲福人，必先以微祸儆之，所以祸来不必忧，要看他会救。

098

　　荣与辱共蒂，厌辱何须求荣；生与死同根，贪生不必畏死。

099

　　作人只是一味率真，踪迹虽隐还显；存心若有半毫未净，事为虽公亦私。

鹪占一枝，反笑鹏心奢侈；兔营三窟，转嗤鹤垒高危。智小者不可以谋大，趣卑者不可与谈高，信然矣！

贫贱骄人，虽涉虚憍，还有几分侠气；英雄欺世，纵似挥霍，全没半点真心。

糟糠不为虮肥，何事偏贪钩下饵；锦绮岂因牺贵，谁人能解笼中囚。

琴书诗画，达士以之养性灵，而庸夫徒赏其迹象；山川云物，高人以之助学识，而俗子徒玩其光华。可见事物无定品，随人识见以为高下，故读书穷理，要以识趣为先。

美女不尚铅华，似疏梅之映淡月；禅师不落空寂，若碧沼之吐青莲。

廉官多无后，以其太清也；痴人每多福，以其
近厚也，故君子虽重廉介，不可无含垢纳污之雅量；
虽戒痴顽，亦不必有察渊洗垢之精明。

密则神气拘逼，疏则天真烂漫，此岂独诗文之
工拙从此分哉！吾见周密之人纯用机巧，疏狂之士独
任性真，人心之生死亦于此判也。

翠箓傲严霜，节纵孤高，无伤冲雅；红蕖媚秋水，
色虽艳丽，何损清修。

108

　贫贱所难，不难在砥节，而难在用情；富贵所难，不难在推恩，而难在好礼。

109

　簪缨之士，常不及孤寒之子可以抗节致忠；庙堂之士，常不及山野之夫可以料事烛理，何也？彼以浓艳损志，此以淡泊全真也。

110

　荣宠旁边辱等待，不必扬扬；困穷背后福跟随，何须戚戚。

111

古人闲适处，今人却忙过了一生；古人实受处，今人又虚度了一世。总是耽空逐妄，看个色身不破，认个法身不真耳。

112

芝草无根醴无源，志士当勇奋翼；彩云易散琉璃脆，达人当早回头。

113

少壮者，事事当用意而意反轻，徒泛泛作水中凫而已，何以振云霄之翮？衰老者，事事宜忘情而情反重，徒碌碌为辕下驹而已，何以脱缰锁之身？

　帆只扬五分，船便安；水只注五分，器便稳。
如韩信以勇略震主被擒，陆机以才名冠世见杀，霍光
败于权势逼君，石崇死于财赋敌国，皆以十分取败者
也。康节云："饮酒莫教成酩酊，看花慎勿至离披。"
旨哉言乎！

　附势者如寄生依木，木伐而寄生亦枯；窃利者
如蟠虹盗人，人死而蟠虹亦灭。始以势利害人，终以
势利自毙。势利之为害也，如是夫。

116

失血于杯中，堪笑猩猩之嗜酒；为巢于幕上，可怜燕燕之偷安。

117

鹤立鸡群，可谓超然无侣矣。然进而观于大海之鹏，则眇然自小；又进而求之九霄之凤，则巍乎莫及，所以至人常若无若虚，而盛德多不矜不伐也。

118

贪心胜者，逐兽而不见泰山在前，弹雀而不知深井在后；疑心胜者，见弓影而惊杯中之蛇，听人言而信市上之虎。人心一偏，遂视有为无，造无作有。如此，心可妄动乎哉！

119

　　蛾扑火，火焦蛾，莫谓祸生无本；果种花，花结果，须知福至有因。

120

　　车争险道，马骋先鞭，到败处未免噬脐；粟喜堆山，金夸过斗，临行时还是空手。

121

　　花逞春光，一番雨一番风，催归尘土；竹坚雅操，几朝霜几朝雪，傲就琅玕。

122

富贵是无情之物，看得他重，他害你越大；贫贱是耐久之交，处得他好，他益你反深，故贪商于而恋金谷者，竟被一时之显戮；乐箪瓢而甘敝缊者，终享千载之令名。

123

鸽恶铃而高飞，不知敛翼而铃自息；人恶影而疾走，不知处阴而影自灭。故愚夫徒疾走高飞，而平地反为苦海；达士知处阴敛翼，而巉岩亦是坦途。

124

　　秋虫春鸟共畅天机，何必浪生悲喜；老树新花
同含生意，胡为妄别媸妍。

125

　　多栽桃李少栽荆，便是开条福路；不积诗书偏
积玉，还如筑个祸基。

126

　　万境一辙，原无地着个穷通；万物一体，原无
处分个彼我。世人迷真逐妄，乃向坦途上自设一坷坎，
从空洞中自筑一藩蓠。良足慨哉！

127

大聪明的人，小事必朦胧；大懵懂的人，小事必伺察。盖伺察乃懵懂之根，而朦胧正聪明之窟也。

128

大烈鸿猷，常出悠闲镇定之士，不必忙忙；休征景福，多集宽洪长厚之家，何须琐琐。

129

贫士肯济人，才是性天中惠泽；闹场能学道，方为心地上工夫。

人生只为"欲"字所累，便如马如牛，听人羁络；为鹰为犬，任物鞭笞。若果一念清明，淡然无欲，天地也不能转动我，鬼神也不能役使我，况一切区区事物乎！

贪得者身富而心贫，知足者身贫而心富；居高者形逸而神劳，处下者形劳而神逸。孰得孰失，孰幻孰真，达人当自辨之。

132

众人以顺境为乐，而君子乐自逆境中来；众人以拂意为忧，而君子忧从快意处起。盖众人忧乐以情，而君子忧乐以理也。

133

谢豹覆面，犹知自愧；唐鼠易肠，犹知自悔。盖愧悔二字，乃吾人去恶迁善之门、起死回生之路也。人生若无此念头，便是既死之寒灰、已枯之槁木矣。何处讨些生理？

134

异宝奇琛，俱是必争之器；瑰节奇行，多冒不祥之名。总不若寻常历履易简行藏，可以完天地浑噩之真，享民物和平之福。

135

福善不在杳冥，即在食息起居处牖其衷；祸淫不在幽渺，即在动静语默间夺其魄。可见人之精爽常通于天，天之威命即寓于人，天人岂相远哉！

闲

适

昼闲人寂，听数声鸟语悠扬，不觉耳根尽彻；
夜静天高，看一片云光舒卷，顿令眼界俱空。

世事如棋局，不着得才是高手；人生似瓦盆，
打破了方见真空。

龙可豢非真龙，虎可搏非真虎，故爵禄可饵荣
进之辈，必不可笼淡然无欲之人；鼎镬可及宠利之流，
必不可加飘然远引之士。

139

一场闲富贵，狠狠争来，虽得还是失；百岁好光阴，忙忙过了，纵寿亦为夭。

140

高车嫌地僻，不如鱼鸟解亲人；驷马喜门高，怎似莺花能避俗。

141

红烛烧残，万念自然灰冷；黄粱梦破，一身亦似云浮。

142

千载奇逢，无如好书良友；一生清福，只在碗茗炉烟。

143

蓬茅下诵诗读书，日日与圣贤晤语，谁云贫是病？樽罍边幕天席地，时时共造化氤氲，孰谓醉非禅？

144

兴来醉倒落花前，天地即为衾枕；机息坐忘盘石上，古今尽属蜉蝣。

昂藏老鹤虽饥，饮啄犹闲，肯同鸡鹜之营营而竞食？偃蹇寒松纵老，丰标自在，岂似桃李之灼灼而争妍？

吾人适志于花柳烂漫之时，得趣于笙歌腾沸之处，乃是造化之幻境、人心之荡念也。须从木落草枯之后，向声希味淡之中，觅得一些消息，才是乾坤的橐籥、人物的根宗。

静处观人事，即伊吕之勋庸、夷齐之节义，无非大海浮沤；闲中玩物情，虽木石之偏枯、鹿豕之顽蠢，总是吾性真如。

花开花谢春不管，拂意事休对人言；水暖水寒鱼自知，会心处还期独赏。

闲观扑纸蝇，笑痴人自生障碍；静睹竞巢鹊，叹杰士空逞英雄。

150

看破有尽身躯，万境之尘缘自息；悟入无坏境界，一轮之心月独明。

151

土床石枕冷家风，拥衾时魂梦亦爽；麦饭豆羹淡滋味，放箸处齿颊犹香。

152

谈纷华而厌者，或见纷华而喜；语淡泊而欣者，或处淡泊而厌。须扫除浓淡之见，灭却欣厌之情，才可以忘纷华而甘淡泊也。

153

鸟惊心，花溅泪，怀此热肝肠，如何领取得冷风月？山写照，水传神，识吾真面目，方可摆脱得幻乾坤。

154

富贵得一世宠荣，到死时反增了一个"恋"字，如负重担；贫贱得一世清苦，到死时反脱了一个"厌"字，如释重枷。人诚想念到此，当急回贪恋之首而猛舒愁苦之眉矣。

155

人之有生也，如太仓之粒米，如灼目之电光，如悬崖之朽木，如逝海之一波。知此者如何不悲？如何不乐？如何看他不破而怀贪生之虑？如何看他不重而贻虚生之羞？

156

鹬蚌相持，兔犬共毙，冷觑来令人猛气全消；鸥凫共浴，鹿豕同眠，闲观去使我机心顿息。

157

迷则乐境成苦海，如水凝为冰；悟则苦海为乐境，犹冰涣作水。可见苦乐无二境，迷悟非两心，只在一转念间耳。

158

遍阅人情，始识疏狂之足贵；备尝世味，方知淡泊之为真。

159

地宽天高，尚觉鹏程之窄小；云深松老，方知鹤梦之悠闲。

160

两个空拳握古今，握住了还当放手；一条竹杖挑风月，挑到时也要息肩。

161

阶下几点飞翠落红，收拾来无非诗料；窗前一片浮青映白，悟入处尽是禅机。

162

忽睹天际彩云，常疑好事皆虚事；再观山中古木，方信闲人是福人。

163

东海水曾闻无定波，世事何须扼腕？北邙山未省留闲地，人生且自舒眉。

天地尚无停息，日月且有盈亏，况区区人世，能事事圆满而时时暇逸乎？只是向忙里偷闲，遇缺处知足，则操纵在我，作息自如，即造物不得与之论劳逸、较亏盈矣。

"霜天闻鹤唳，雪夜听鸡鸣"，得乾坤清纯之气；"晴空看鸟飞，活水观鱼戏"，识宇宙活泼之机。

闲烹山茗听瓶声，炉内识阴阳之理；漫履楸枰观局戏，手中悟生杀之机。

167

芳菲园林看蜂忙，觑破几般尘情世态；寂寞衡茅观燕寝，引起一种冷趣幽思。

168

会心不在远，得趣不在多。盆池拳石间，便居然有万里山川之势；片言只语内，便宛然见万古圣贤之心，才是高士的眼界、达人的胸襟。

169

心与竹俱空，问是非何处安脚？貌偕松共瘦，知忧喜无由上眉。

170

趋炎虽暖，暖后更觉寒威；食蔗能甘，甘余便生苦趣。何似养志于清修而炎凉不涉，栖心于淡泊而甘苦俱忘，其自得为更多也。

171

席拥飞花落絮，坐林中锦绣团裀；炉烹白雪清冰，熬天上玲珑液髓。

逸态闲情，惟期自尚，何事外修边幅；清标傲骨，不愿人怜，无劳多买胭脂。

天地景物，如山间之空翠、水上之涟漪、潭中之云影、草际之烟光、月下之花容、风中之柳态，若有若无，半真半幻，最足以悦人心目而豁人性灵，真天地间一妙境也。

"乐意相关禽对语，生香不断树交花"，此是无彼无此的真机。"野色更无山隔断，天光常与水相连"，此是彻上彻下的真境。吾人时时以此景象注之心目，何患心思不活泼、气象不宽平？

鹤唳、雪月、霜天，想见屈大夫醒时之激烈；鸥眠、春风、暖日，会知陶处士醉里之风流。

176

黄鸟情多，常向梦中呼醉客；白云意懒，偏来僻处媚幽人。

177

栖迟蓬户，耳目虽拘而神情自旷；结纳山翁，仪文虽略而意念常真。

178

满室清风满几月，坐中物物见天心；一溪流水一山云，行处时时观妙道。

179

炮凤烹龙，放箸时与蔬盐无异；悬金佩玉，成灰处共瓦砾何殊。

180

扫地白云来，才着工夫便起障；凿池明月入，能空境界自生明。

181

造化唤作小儿，切莫受渠戏弄；天地丸为大块，须要任我炉锤。

182

想到白骨黄泉，壮士之肝肠自冷；坐老清溪碧嶂，俗流之胸次亦闲。

183

夜眠八尺，日啖二升，何须百般计较；书读五车，才分八斗，未闻一日清闲。

概

论

184

君子之心事天青日白，不可使人不知；君子之才华玉韫珠藏，不可使人易知。

185

耳中常闻逆耳之言，心中常有拂心之事，才是进德修行的砥石。若言言悦耳，事事快心，便把此生埋在鸩毒中矣。

186

疾风怒雨，禽鸟戚戚；霁月光风，草木欣欣。可见天地不可一日无和气，人心不可一日无喜神。

187

酽肥辛甘非真味，真味只是淡；神奇卓异非至人，至人只是常。

188

夜深人静，独坐观心，始知妄穷而真独露，每于此中得大机趣；既觉真现而妄难逃，又于此中得大惭忸。

189

恩里由来生害，故快意时须早回头；败后或反成功，故拂心处切莫放手。

190

　　藜口苋肠者多冰清玉洁，衮衣玉食者甘婢膝奴颜，盖志以淡泊明，而节从肥甘丧矣。

191

　　面前的田地要放得宽，使人无不平之叹；身后的惠泽要流得长，使人有不匮之思。

192

　　路径窄处，留一步与人行；滋味浓的，减三分让人嗜。此是涉世一极乐法。

193

作人无甚高远的事业，摆脱得俗情便入名流；为学无甚增益的工夫，减除得物累便臻圣境。

194

宠利毋居人前，德业毋落人后，受享毋逾分外，修持毋减分中。

195

处世让一步为高，退步即进步的张本；待人宽一分是福，利人实利己的根基。

196

　　盖世的功劳，当不得一个"矜"字；弥天的罪过，当不得一个"悔"字。

197

　　完名美节不宜独任，分些与人，可以远害全身；辱行污名不宜全推，引些归己，可以韬光养德。

198

　　事事要留个有余不尽的意思，便造物不能忌我，鬼神不能损我。若业必求满、功必求盈者，不生内变，必招外忧。

家庭有个真佛，日用有种真道。人能诚心和气、愉色婉言，使父母兄弟间形体两释、意气交流，胜于调息观心万倍矣。

攻人之恶毋太严，要思其堪受；教人以善毋过高，当使其可从。

201

粪虫至秽，变为蝉，而饮露于秋风；腐草无光，化为萤，而耀采于夏月。故知洁常自污出，明每从暗生也。

202

矜高倨傲，无非客气降伏得，客气下而后正气伸；情欲意识，尽属妄心消杀得，妄心尽而后真心现。

203

饱后思味，则浓淡之境都消；色后思淫，则男女之见尽绝，故人当以事后之悔悟，破临事之痴迷，则性定而动无不正。

204

居轩冕之中，不可无山林的气味；处林泉之下，须要怀廊庙的经纶。

205

处世不必徼功，无过便是功；与人不要感德，无怨便是德。

206

忧勤是美德，太苦则无以适性怡情；淡泊是高风，太枯则无以济人利物。

207

事穷势蹙之人，当原其初心；功成行满之士，要观其末路。

208

富贵家宜宽厚而反忌克，是富贵而贫贱，其行如何能享？聪明人宜敛藏而反炫耀，是聪明而愚懵，其病如何不败！

209

人情反覆，世路崎岖。行不去，须知退一步之法；行得去，务加让三分之功。

210

待小人不难于严，而难于不恶；待君子不难于恭，而难于有礼。

211

宁守浑噩而黜聪明，留些正气还天地；宁谢纷华而甘淡泊，遗个清名在乾坤。

212

降魔者先降其心，心伏则群魔退听；驭横者先驭其气，气平则外横不侵。

213

养弟子如养闺女，最要严出入、谨交游。若一接近匪人，是清净田中下一不净的种子，便终身难植嘉苗矣。

214

欲路上事，毋乐其便而姑为染指，一染指便深入万仞；理路上事，毋惮其难而稍为退步，一退步便远隔千山。

215

念头浓者自待厚，待人亦厚，处处皆厚；念头淡者自待薄，待人亦薄，事事皆薄，故君子居常嗜好不可太浓艳，亦不宜太枯寂。

216

彼富我仁，彼爵我义，君子故不为君相所牢笼；人定胜天，志壹动气，君子亦不受造化之陶铸。

217

立身不高一步立，如尘里振衣、泥中濯足，如何超达？处世不退一步处，如飞蛾投烛、羝羊触藩，如何安乐？

218

学者要收拾精神并归一处。如修德而留意于事功名誉,必无实诣;读书而寄兴于吟咏风雅,定不深心。

219

人人有个大慈悲,维摩屠刽无二心也;处处有种真趣味,金屋茅檐非两地也。只是欲闭情封,当面错过,便咫尺千里矣。

220

进德修行,要个木石的念头,若一有欣羡,便趋欲境;济世经邦,要段云水的趣味,若一有贪着,便堕危机。

221

肝受病则目不能视，肾受病则耳不能听。病受于人所不见，必发于人所共见，故君子欲无得罪于昭昭，先无得罪于冥冥。

222

福莫福于少事，祸莫祸于多心。惟苦事者方知少事之为福，惟平心者始知多心之为祸。

223

处治世宜方，处乱世当圆，处叔季之世当方圆并用；待善人宜宽，待恶人当严，待庸众之人宜宽严互存。

我有功于人不可念，而过则不可不念；人有恩于我不可忘，而怨则不可不忘。

心地干净，方可读书学古。不然，见一善行，窃以济私；闻一善言，假以覆短。是又"藉寇兵而赍盗粮"矣。

奢者富而不足，何如俭者贫而有余；能者劳而俯怨，何如拙者逸而全真。

227

读书不见圣贤，如铅椠佣；居官不爱子民，如衣冠盗；讲学不尚躬行，如口头禅；立业不思种德，如眼前花。

228

人心有部真文章，都被残编断简封固了；有部真鼓吹，都被妖歌艳舞湮没了。学者须扫除外物，直觅本来，才有个真受用。

229

苦心中常得悦心之趣，得意时便生失意之悲。

230

富贵名誉自道德来者，如山林中花，自是舒徐繁衍；自功业来者，如盆槛中花，便有迁徙废兴；若以权力得者，其根不植，其萎可立而待矣。

231

栖守道德者，寂寞一时；依阿权势者，凄凉万古。达人观物外之物，思身后之身，宁受一时之寂寞，毋取万古之凄凉。

春至时和，花尚铺一段好色，鸟且啭几句好音。士君子幸列头角，复遇温饱，不思立好言、行好事，虽是在世百年，恰似未生一日。

学者有段兢业的心思，又要有段潇洒的趣味。若一味敛束清苦，是有秋杀无春生，何以发育万物？

234

真廉无廉名，立名者正所以为贪；大巧无巧术，
用术者乃所以为拙。

235

心体光明，暗室中有青天；念头暗昧，白日下
有厉鬼。

236

人知名位为乐，不知无名无位之乐为最真；人
知饥寒为忧，不知不饥不寒之忧为更甚。

237

为恶而畏人知，恶中犹有善路；为善而急人知，善处即是恶根。

238

天之机缄不测，抑而伸、伸而抑，皆是播弄英雄、颠倒豪杰处。君子只是逆来顺受、居安思危，天亦无所用其伎俩矣。

239

福不可徼，养喜神以为招福之本；祸不可避，去杀机以为远祸之方。

240

　　十语九中未必称奇，一语不中，则愆尤骈集；
十谋九成未必归功，一谋不成则訾议丛兴。君子所以
宁默毋躁、宁拙毋巧。

241

　　天地之气，暖则生，寒则杀。故性气清冷者，
受享亦凉薄。惟气和暖心之人，其福亦厚，其泽亦长。

242

　　天理路上甚宽，稍游心，胸中便觉广大宏朗；
人欲路上甚窄，才寄迹，眼前俱是荆棘泥途。

243

一苦一乐相磨练，练极而成福者，其福始久；一疑一信相参勘，勘极而成知者，其知始真。

244

地之秽者多生物，水之清者常无鱼，故君子当存含垢纳污之量，不可持好洁独行之操。

245

泛驾之马可就驰驱，跃冶之金终归型范。只一优游不振，便终身无个进步。白沙云："为人多病未足羞，一生无病是吾忧。"真确实论也。

246

　　人只一念贪私，便销刚为柔，塞智为昏，变恩为惨，染洁为污，坏了一生人品，故古人以不贪为宝，所以度越一世。

247

　　耳目见闻为外贼，情欲意识为内贼，只是主人公惺惺不昧，独坐中堂，贼便化为家人矣。

248

　　图未就之功，不如保已成之业；悔既往之失，亦要防将来之非。

249

　气象要高旷，而不可疏狂；心思要缜缄，而不可琐屑；趣味要冲淡，而不可偏枯；操守要严明，而不可激烈。

250

　风来疏竹，风过而竹不留声；雁度寒潭，雁去而潭不留影。故君子事来而心始现，事去而心随空。

251

　清能有容，仁能善断，明不伤察，直不过矫，是谓蜜饯不甜、海味不咸，才是懿德。

252

贫家净扫地，贫女净梳头。景色虽不艳丽，气度自是风雅。士君子当穷愁寥落，奈何辄自废弛哉？

253

闲中不放过，忙中有受用；静中不落空，动中有受用；暗中不欺隐，明中有受用。

254

念头起处，才觉向欲路上去，便挽从理路上来。一起便觉，一觉便转，此是转祸为福、起死回生的关头，切莫当面错过。

255

天薄我以福，吾厚吾德以迓之；天劳我以形，吾逸吾心以补之；天厄我以遇，吾亨吾道以通之。天且奈我何哉！

256

真士无心徼福，天即就无心处牖其衷；险人着意避祸，天即就着意中夺其魄。可见天之机权最神，人之智巧何益？

声妓晚景从良，一世之烟花无碍；贞妇白头失守，半生之清苦俱非。语云"看人只看后半截"，真名言也。

平民肯种德施惠，便是无位的卿相；仕夫徒贪权市宠，竟成有爵的乞人。

问祖宗之德泽，吾身所享者是，当念其积累之难；问子孙之福祉，吾身所贻者是，要思其倾覆之易。

君子而诈善，无异小人之肆恶；君子而改节，不若小人之自新。

家人有过，不宜暴扬，不宜轻弃。此事难言，借他事而隐讽之；今日不悟，俟来日正警之。如春风之解冻、和气之消冰，才是家庭的型范。

此心常看得圆满，天下自无缺陷之世界；此心常放得宽平，天下自无险侧之人情。

263

淡薄之士，必为浓艳者所疑；检饬之人，多为
放肆者所忌。君子处此固不可少变其操履，亦不可太
露其锋芒。

264

居逆境中，周身皆针砭药石，砥节砺行而不觉；
处顺境内，满前尽兵刃戈矛，销膏靡骨而不知。

265

生长富贵丛中的，嗜欲如猛火，权势似烈焰。
若不带些清冷气味，其火焰不至焚人，必将自焚。

人心一真，便霜可飞、城可陨、金石可贯。若伪妄之人，形骸徒具，真宰已亡，对人则面目可憎，独居则形影自愧。

文章做到极处，无有他奇，只是恰好；人品做到极处，无有他异，只是本然。

以幻迹言，无论功名富贵，即肢体亦属委形；以真境言，无论父母兄弟，即万物皆吾一体。人能看得破，认得真，才可以任天下之负担，亦可脱世间之缰锁。

爽口之味，皆烂肠腐骨之药，五分便无殃；快心之事，悉败身散德之媒，五分便无悔。

不责人小过，不发人阴私，不念人旧恶。三者可以养德，亦可以远害。

天地有万古，此身不再得；人生只百年，此日最易过。幸生其间者，不可不知有生之乐，亦不可不怀虚生之忧。

272

老来疾病，都是壮时招得；衰时罪业，都是盛时作得，故持盈履满，君子尤兢兢焉。

273

市私恩不如扶公议，结新知不如敦旧好，立荣名不如种阴德，尚奇节不如谨庸行。

274

公平正论不可犯手，一犯手则贻羞万世；权门私窦不可着脚，一着脚则玷污终身。

275

曲意而使人喜，不若直节而使人忌；无善而致人誉，不如无恶而致人毁。

276

处父兄骨肉之变，宜从容，不宜激烈；遇朋友交游之失，宜剀切，不宜优游。

277

小处不渗漏，暗处不欺隐，末路不怠荒，才是真正英雄。

278

惊奇喜异者，终无远大之识；苦节独行者，要有恒久之操。

279

当怒火欲水正腾沸时，明明知得，又明明犯着。知得是谁？犯着又是谁？此处能猛然转念，邪魔便为真君子矣。

280

毋偏信而为奸所欺，毋自任而为气所使，毋以己之长而形人之短，毋因己之拙而忌人之能。

281

人之短处，要曲为弥缝，如暴而扬之，是以短攻短；人有顽的，要善为化诲，如忿而嫉之，是以顽济顽。

282

遇沉沉不语之士，且莫输心；见悻悻自好之人，应须防口。

283

念头昏散处，要知提醒；念头吃紧时，要知放下。不然恐去昏昏之病，又来憧憧之扰矣。

霁日青天，倏变为迅雷震电；疾风怒雨，倏转为朗月晴空。气机何尝一毫凝滞，太虚何尝一毫障蔽，人之心体亦当如是。

胜私制欲之功，有曰识不早、力不易者，有曰识得破、忍不过者。盖识是一颗照魔的明珠，力是一把斩魔的慧剑，两不可少也。

横逆困穷，是煅炼豪杰的一副炉锤。能受其煅炼者，则身心交益；不受其煅炼者，则身心交损。

害人之心不可有，防人之心不可无，此戒疏于虑者；宁受人之欺，毋逆人之诈，此警伤于察者。二语并存，精明浑厚矣。

288

毋因群疑而阻独见，毋任己意而废人言，毋私小惠而伤大体，毋借公论以快私情。

289

善人未能急亲，不宜预扬，恐来谗谮之奸；恶人未能轻去，不宜先发，恐招媒孽之祸。

290

青天白日的节义，自暗室屋漏中培来；旋乾转坤的经纶，从临深履薄中操出。

291

父慈子孝，兄友弟恭，纵做到极处，俱是合当如是，着不得一毫感激的念头。如施者任德，受者怀恩，便是路人，便成市道矣。

292

炎凉之态，富贵更甚于贫贱；妒忌之心，骨肉尤狠于外人。此处若不当以冷肠，御以平气，鲜不日坐烦恼障中矣。

293

功过不宜少混，混则人怀惰隳之心；恩仇不可太明，明则人起携贰之志。

294

恶忌阴，善忌阳，故恶之显者祸浅，而隐者祸深；善之显者功小，而隐者功大。

295

德者才之主，才者德之奴。有才无德，如家无主而奴用事矣，几何不魍魉猖狂。

296

锄奸杜幸，要放他一条去路。若使之一无所容，便如塞鼠穴者，一切去路都塞尽，则一切好物都咬破矣。

297

士君子贫不能济物者，遇人痴迷处，出一言提醒之；遇人急难处，出一言解救之，亦是无量功德矣。

298

处己者触事皆成药石，尤人者动念即是戈矛，一以辟众善之路，一以浚诸恶之源，相去霄壤矣。

299

事业文章随身销毁，而精神万古如新；功名富贵逐世转移，而气节千载一时。君子信不以彼易此也。

300

鱼网之设，鸿则罹其中；螳螂之贪，雀又乘其后。机里藏机，变外生变，智巧何足恃哉。

301

作人无一点真恳的念头，便成个花子，事事皆虚；涉世无一段圆活的机趣，便是个木人，处处有碍。

302

　有一念而犯鬼神之禁、一言而伤天地之和、一事而酿子孙之祸者，最宜切戒。

303

　事有急之不白者，宽之或自明，毋躁急以速其忿；人有切之不从者，纵之或自化，毋操切以益其顽。

304

　节义傲青云，文章高白雪，若不以德性陶镕之，终为血气之私、技能之末。

305

谢事当谢于正盛之时，居身宜居于独后之地，谨德须谨于至微之事，施恩务施于不报之人。

306

德者事业之基，未有基不固而栋宇坚久者；心者修裔之根，未有根不植而枝叶荣茂者。

307

道是一件公众的物事，当随人而接引；学是一个寻常的家饭，当随事而警惕。

308

　念头宽厚的，如春风煦育，万物遭之而生；念头忌克的，如朔雪阴凝，万物遭之而死。

309

　勤者敏于德义，而世人借勤以济其贪；俭者淡于货利，而世人假俭以饰其吝。君子持身之符，反为小人营私之具矣，惜哉！

人之过误宜恕，而在己则不可恕；己之困辱宜忍，而在人则不可忍。

恩宜自淡而浓，先浓后淡者，人忘其惠；威宜自严而宽，先宽后严者，人怨其酷。

士君子处权门要路，操履要严明，心气要和易。毋少随而近腥膻之党，亦毋过激而犯蜂虿之毒。

遇欺诈的人，以诚心感动之；遇暴戾的人，以和气熏蒸之；遇倾邪私曲的人，以名义气节激砺之。天下无不入我陶镕中矣。

一念慈祥，可以酝酿两间和气；寸心洁白，可以昭垂百代清芬。

阴谋怪习、异行奇能，俱是涉世的祸胎。只一个庸德庸行，便可以完混沌而招和平。

语云："登山耐险路，踏雪耐危桥。"一"耐"字极有意味。如倾险之人情、坎坷之世道，若不得一"耐"字撑持过去，几何不坠入榛莽坑堑哉？

夸逞功业炫耀文章，皆是靠外物做人。不知心体莹然，本来不失，即无寸功只字，亦自有堂堂正正做人处。

不昧己心，不拂人情，不竭物力，三者可以为天地立心，为生民立命，为子孙造福。

居官有二语曰："惟公则生明，惟廉则生威。"居家有二语曰："惟恕则平情，惟俭则足用。"

处富贵之地，要知贫贱的痛痒；当少壮之时，须念衰老的辛酸。

321

持身不可太皎洁，一切污辱垢秽要茹纳得；与人不可太分明，一切善恶贤愚要包容得。

322

休与小人仇雠，小人自有对头；休向君子谄媚，君子原无私惠。

323

磨砺当如百炼之金，急就者非邃养施为宜。似千钧之弩，轻发者无宏功。

324

建功立业者，多虚圆之士；偾事失机者，必执
拗之人。

325

俭，美德也，过则为悭吝、为鄙啬，反伤雅道；
让，懿行也，过则为足恭、为曲礼，多出机心。

326

毋忧拂意，毋喜快心，毋恃久安，毋惮初难。

327

饮宴之乐多，不是个好人家；声华之习胜，不是个好士子；名位之念重，不是个好臣工。

328

仁人心地宽舒，便福厚而庆长，事事成个宽舒气象；鄙夫念头迫促，便禄薄而泽短，事事成个迫促规模。

329

用人不宜刻，刻则思效者去；交友不宜滥，滥则贡谀者来。

330

大人不可不畏，畏大人则无放逸之心；小民亦不可不畏，畏小民则无豪横之名。

331

事稍拂逆，便思不如我的人，则怨尤自消；心稍怠荒，便思胜似我的人，则精神自奋。

332

不可乘喜而轻诺，不可因醉而生瞋，不可乘快而多事，不可因倦而鲜终。

333

钓水，逸事也，尚持生杀之柄；奕棋，清戏也，且动战争之心。可见喜事不如省事之为适，多能不如无能之全真。

334

听静夜之钟声，唤醒梦中之梦；观澄潭之月影，窥见身外之身。

鸟语虫声，总是传心之诀；花英草色，无非见道之文。学者要天机清彻，胸次玲珑，触物皆有会心处。

人解读有字书，不解读无字书；知弹有弦琴，不知弹无弦琴。以迹用不以神用，何以得琴书佳趣？

山河大地已属微尘，而况尘中之尘；血肉身驱且归泡影，而况影外之影！非上上智，无了了心。

石火光中争长竞短，几何光阴？蜗牛角上较雌论雄，许大世界？

有浮云富贵之风，而不必岩栖穴处；无膏肓泉石之癖，而常自醉酒耽诗。竞逐听人而不嫌尽醉，恬憺适己而不夸独醒。此释氏所谓不为法缠、不为空缠、身心两自在者。

340

　　延促由于一念，宽窄系之寸心，故机闲者一日遥于千古，意宽者斗室广于两间。

341

　　都来眼前事，知足者仙境，不知足者凡境；总出世上因，善用者生机，不善用者杀机。

342

　　趋炎附势之祸，甚惨亦甚速；栖恬守逸之味，最淡亦最长。

343

色欲火炽，而一念及病时，便兴似寒灰；名利饴甘，而一想到死地，便味如嚼蜡。故人常忧死虑病，亦可消幻业而长道心。

344

争先的径路窄，退后一步自宽平一步；浓艳的滋味短，清淡一分自悠长一分。

345

隐逸林中无荣辱，道义路上泯炎凉。进步处便思退步，庶免触藩之祸。着手时先图放手，才脱骑虎之危。

346

贪得者分金恨不得玉，封公怨不授侯，权豪自甘乞丐；知足者藜羹旨于膏粱，布袍暖于狐貉，编民不让王公。

347

矜名不如逃名趣，练事何如省事闲。孤云出岫，去留一无所系；朗镜悬空，静躁两不相干。

山林是胜地，一营恋便成市朝；书画是雅事，
一贪痴便成商贾。盖心无染著，俗境是仙都；心有丝
牵，乐境成悲地。

时当喧杂，则平日所记忆者皆漫然忘去；境在
清宁，则夙昔所遗忘者又恍尔现前。可见静躁稍分，
昏明顿异也。

350

芦花被下卧雪眠云，保全得一窝夜气；竹叶杯中吟风弄月，躲离了万丈红尘。

351

出世之道，即在涉世中，不必绝人以逃世；了心之功即在尽心内，不必绝欲以灰心。

352

此身常放在闲处，荣辱得失，谁能差遣我？此心常安在静中，是非利害，谁能瞒昧我？

353

我不希荣，何忧乎利禄之香饵；我不兢进，何畏乎仕宦之危机。

354

多藏厚亡，故知富不如贫之无虑；高步疾颠，故知贵不如贱之常安。

355

世人只缘认得"我"字太真，故多种种嗜好、种种烦恼。前人云："不复知有我，安知物为贵。"又云："知身不是我，烦恼更何侵。"真破的之言也。

人情世态，倏忽万端，不宜认得太真。尧夫云："昔日所云我，今朝却是伊；不知今日我，又属后来谁？"人常作是观，便可解却胸冒矣！

有一乐境界，就有一不乐的相对待；有一好光景，就有一不好的相乘除。只是寻常家饭、素位风光，才是个安乐窝巢。

知成之必败，则求成之心不必太坚；知生之必死，
则保生之道不必过劳。

眼看西晋之荆榛，犹矜白刃；身属北邙之狐兔，
尚惜黄金。语云："猛兽易伏，人心难降。溪壑易填，
人心难满。"信哉！

360

心地上无风涛，随在皆青山绿树；性天中有化育，触处都鱼跃鸢飞。

361

狐眠败砌，兔走荒台，尽是当年歌舞之地；露冷黄花，烟迷衰草，悉属旧时争战之场。盛衰何常？强弱安在？念此令人心灰。

362

宠辱不惊，闲看庭前花开花落；去留无意，漫随天外云卷云舒。

363

晴空朗月，何天不可翱翔，而飞蛾独投夜烛；清泉绿竹，何物不可饮啄，而鸱鸮偏嗜腐鼠。噫！世之不为飞蛾鸱鸮者，几何人哉？

364

权贵龙骧，英雄虎战，以冷眼视之，如蝇聚膻、如蚁竞血；是非蜂起，得失猬兴，以冷情当之，如冶化金，如汤消雪。

真空不空，执相非真，破相亦非真。问世情如
何发付？在世出世，徇欲是苦，绝欲亦是苦，听吾侪
善自修持。

烈士让千乘，贪夫争一文，人品星渊也，而好
名不殊好利；天子营家国，乞人号饔飧，位分霄壤也，
而焦思何异焦声。

367

　性天澄彻，即饥餐渴饮，无非康济身心；心地沉迷，纵演偈谈禅，总是播弄精魄。

368

　人心有真境，非丝非竹而自恬愉，不烟不茗而自清芬。须念净境空，虑忘形释，才得以游衍真中。

369

　天地中万物，人伦中万情，世界中万事，以俗眼观，纷纷各异；以道眼观，种种是常，何须分别，何须取舍。

370

缠脱只在自心，心了则屠肆糟糠，居然净土。不然，纵一琴一鹤，一花一竹，嗜好虽清，魔障终在。语云："能休尘境为真境，未了僧家是俗家。"

371

以我转物者得，固不喜失亦不忧，大地尽属逍遥；以物役我者逆，固生憎顺亦生爱，一毫便生缠缚。

372

试思未生之前有何象貌，又思既死之后有何景色，则万念灰冷，一性寂然，自可超物外而游象先。

373

优人傅粉调朱，效妍丑于毫端。俄而歌残场罢，妍丑何存？奕者争先竞后，较雌雄于着子。俄而局尽子收，雌雄安在？

374

把握未定，宜绝迹尘嚣，使此心不见可欲而不乱，以澄吾静体；操持既坚，又当混迹风尘，使此心见可欲而亦不乱，以养吾圆机。

喜寂厌喧者，往往避人以求静。不知意在无人，便成我相；心着于静，便是动根。如何到得人我一空、动静两忘的境界？

人生祸区福境，皆念想造成。故释氏云：利欲炽然，即是火坑；贪爱沉溺，便为苦海。一念清净，烈焰成池；一念惊觉，航登彼岸。念头稍异，境界顿殊。可不慎哉！

377

绳锯材断，水滴石穿，学道者须要努索；水到渠成，瓜熟蒂落，得道者一任天机。

378

就一身了一身者，方能以万物付万物；还天下于天下者，方能出世间于世间。

379

人生原是傀儡，只要把柄在手，一线不乱，卷舒自由，行止在我，一毫不受他人捉掇，便超此场中矣。

　　"为鼠常留饭，怜蛾不点灯"，古人此点念头，
是吾一点生生之机，无此即所谓土木形骸而已。

　　世态有炎凉，而我无嗔喜；世味有浓淡，而我
无欣厌。一毫不落世情窠臼，便是一在世出世法也。

小窗幽记

〔明〕陈继儒 撰

中华书局

前　言

　　喧嚣之当下，如何安身立命的同时获得一份宁静、一份淡然？下班路上，晚饭之后，沏杯清茶，看看我们智慧的前辈如何耕读传家，如何经风历霜，不失为一件乐事。

　　菜根，本是食之无味、人皆弃之的东西，看惯宦海惊涛骇浪而归隐山林的明代人洪应明却认为"菜根中有真味"，从粗茶淡饭的日常中体悟如何面对命运过好生活，如何涉世如何待人，朴素而深远的生活智慧凝成《菜根谭》，流传后世。

　　明代文人陈继儒的清言小品《小窗幽记》，用清新晓畅的话语、独中肯綮的格调，谈景谈人，聊情聊韵，既有儒家之积极入世，也见道佛的清虚超凡，还有浓浓的美丽。

　　清人王永彬寒夜与家人围炉而坐，烧煨山芋之时，火光映照下与儿孙悠悠而聊家常人生之温馨宁静，娓娓而谈父慈子孝的伦理之乐、修身立命的处世哲学，得佳句随手记之，终成经典的格言家训——《围炉夜话》。

天资聪颖、博通经史的清人张潮则将自己读书作画、谈禅论道、悠游山水、饮酒交游的生活雅趣浓缩在《幽梦影》中，林语堂评价："这是一部文艺的格言集，这一类的集子在中国很多，可没有一部可和张潮自己所写的相比拟。"

这四部流传几百年的经典之作，饱含着处世的智慧和生活的美学，《菜根谭》《围炉夜话》与《小窗幽记》，更被誉为古代"处世三大奇书"。这四部箴言小品，精致典雅，言简意赅，文风清新晓畅。今将它们纂集在一起，命名为《处世妙品》，希望它可以使您冲淡平和地面对人生，能助您发现平凡生活中不易觉察的美好，修己立身，进退有度，在纷繁的世界中找到个人的精神追求，活出率真的自己。

茶，细细品；路，悠悠走；书，慢慢读。阅读变为悦读，生活化为乐活。

中华书局编辑部

2020 年 7 月

目　录

二

序

　　太上立德，其次立言。言者，心声，而人品学术，恒由此见焉。无论词躁、词慑、词烦、词支，徒蹈尚口之戒。倘语大而夸，谈理而腐，亦岂可以为训乎？然则欲求传世行远，名山不朽，必贵有以居其要矣。眉公先生，负一代盛名，立志高尚，著述等身，曾集《小窗幽记》以自娱。泄天地之秘笈，撷经史之菁华，语带烟霞，韵谐金石。醒世持世，一字不落言筌，挥麈风生，直夺清谈之席；解颐语妙，常发斑管之花，所谓端庄杂流漓，尔雅兼温文，有美斯臻，无奇不备。夫岂卮言无当，徒以资覆瓿之用乎？许昌崔维东博学好古，欲付剞劂，以公同好，问序于余，因不辞谫陋，特为之弁言简端。

乾隆三十五年岁次庚寅春月

昌平陈本敬仲思氏书于聚星书院之谢青堂

卷一 醒

食中山之酒，一醉千日。今之昏昏逐逐，无一
日不醉，趋名者醉于朝，趋利者醉于野，豪者醉
于声色车马。安得一服清凉散，人人解醒？集醒
第一。

1.001

倚高才而玩世，背后须防射影之虫；饰厚貌以欺人，面前恐有照胆之镜。

1.002

怪小人之颠倒豪杰，不知惯颠倒方为小人；惜吾辈之受世折磨，不知惟折磨乃见吾辈。

1.003

花繁柳密处，拨得开，才是手段；风狂雨急时，立得定，方见脚根。

1.004

澹泊之守，须从秾艳场中试来；镇定之操，还向纷纭境上勘过。

1.005

市恩不如报德之为厚，要誉不如逃名之为适，矫情不如直节之为真。

1.006

使人有面前之誉，不若使人无背后之毁；使人有乍交之欢，不若使人无久处之厌。

1.007

攻人之恶毋太严，要思其堪受；教人以善勿过高，当原其可从。

1.008

不近人情，举世皆畏途；不察物情，一生俱梦境。

1.009

遇嘿嘿不语之士，切莫输心；见悻悻自好之徒，应须防口。结缨整冠之态，勿以施之焦头烂额之时；绳趋尺步之规，勿以用之救死扶危之日。

1.010

议事者身在事外，宜悉利害之情；任事者身居事中，当忘利害之虑。

1.011

俭，美德也，过则为悭吝，为鄙啬，反伤雅道；让，懿行也，过则为足恭，为曲谦，多出机心。

1.012

藏巧于拙，用晦而明；寓清于浊，以屈为伸。

1.013

彼无望德，此无示恩，穷交所以能长；望不胜奢，欲不胜餍，利交所以必忤。

1.014

怨因德彰，故使人德我，不若德怨之两忘；仇因恩立，故使人知恩，不若恩仇之俱泯。

1.015

天薄我福，吾厚吾德以迓之；天劳我形，吾逸吾心以补之；天厄我遇，吾亨吾道以通之。

1.016

澹泊之士，必为秾艳者所疑；检饬之人，必为放肆者所忌。事穷势蹙之人，当原其初心；功成行满之士，要观其末路。好丑心太明，则物不契；贤愚心太明，则人不亲。须是内精明而外浑厚，使好丑两得其平，贤愚共受其益，才是生成的德量。

1.017

好辩以招尤，不若讱嘿以怡性；广交以延誉，不若索居以自全；厚费以多营，不若省事以守俭；逞能以受妒，不若韬精以示拙。费千金而结纳贤豪，孰若倾半瓢之粟以济饥饿？构千楹而招徕宾客，孰若葺数椽之茅以庇孤寒？

1.018

恩不论多寡，当厄的壶浆，得死力之酬；怨不在浅深，伤心的杯羹，召亡国之祸。

1.019

仕途虽赫奕，常思林下的风味，则权势之念自轻；世途虽纷华，常思泉下的光景，则利欲之心自淡。

1.020

居盈满者，如水之将溢未溢，切忌再加一滴；处危急者，如木之将折未折，切忌再加一搦。

1.021

了心自了事，犹根拔而草不生；逃世不逃名，似膻存而蚋还集。

1.022

情最难久，故多情人必至寡情；性自有常，故任性人终不失性。

1.023

才子安心草舍者，足登玉堂；佳人适意蓬门者，堪贮金屋。喜传语者，不可与语；好议事者，不可图事。

1.024

甘人之语，多不论其是非；激人之语，多不顾其利害。

1.025

真廉无廉名，立名者所以为贪；大巧无巧术，用术者所以为拙。

1.026

为恶而畏人知，恶中犹有善念；为善而急人知，善处即是恶根。

1.027

谈山林之乐者，未必真得山林之趣；厌名利之谈者，未必尽忘名利之情。

1.028

从冷视热，然后知热处之奔驰无益；从冗入闲，然后觉闲中之滋味最长。

1.029

贫士肯济人，才是性天中惠泽；闹场能笃学，方为心地上工夫。

1.030

伏久者，飞必高；开先者，谢独早。

1.031

贪得者，身富而心贫；知足者，身贫而心富。居高者，形逸而神劳；处下者，形劳而神逸。

1.032

局量宽大，即住三家村里，光景不拘；智识卑微，纵居五都市中，神情亦促。

1.033

惜寸阴者，乃有凌铄千古之志；怜微才者，乃有驰驱豪杰之心。

1.034

天欲祸人，必先以微福骄之，要看他会受；天欲福人，必先以微祸儆之，要看他会救。

1.035

书画受俗子品题，三生浩劫；鼎彝与市人赏鉴，千古奇冤。脱颖之才，处囊而后见；绝尘之足，历块以方知。

1.036

结想奢华，则所见转多冷淡；实心清素，则所涉都厌尘氛。多情者，不可与定妍媸；多谊者，不可与定取与；多气者，不可与定雌雄；多兴者，不可与定去住。

1.037

世人破绽处，多从周旋处见；指摘处，多从爱护处见；艰难处，多从贪恋处见。

1.038

凡情留不尽之意，则味深；凡兴留不尽之意，则趣多。

1.039

待富贵人，不难有礼，而难有体；待贫贱人，不难有恩，而难有礼。

1.040

山栖是胜事，稍一萦恋，则亦市朝；书画赏鉴是雅事，稍一贪痴，则亦商贾；诗酒是乐事，稍一徇人，则亦地狱；好客是豁达事，稍一为俗子所挠，则亦苦海。

1.041

多读两句书，少说一句话；读得两行书，说得几句话。

1.042

看中人，在大处不走作；看豪杰，在小处不渗漏。

1.043

留七分正经以度生；留三分痴呆以防死。

1.044

轻财足以聚人，律己足以服人，量宽足以得人，身先足以率人。

1.045

从极迷处识迷，则到处醒；将难放怀一放，则万境宽。

1.046

大事难事，看担当；逆境顺境，看襟度；临喜临怒，看涵养；群行群止，看识见。

1.047

安详是处事第一法，谦退是保身第一法，涵容是处人第一法，洒脱是养心第一法。

1.048

处事最当熟思缓处，熟思则得其情，缓处则得其当。

1.049

必能忍人不能忍之触忤，斯能为人不能为之事功。

1.050

轻与必滥取，易信必易疑。

1.051

积丘山之善，尚未为君子；贪丝毫之利，便陷
于小人。

1.052

智者不与命斗，不与法斗，不与理斗，不与
势斗。

1.053

良心在夜气清明之候，真情在箪食豆羹之间。
故以我索人，不如使人自反；以我攻人，不如使
人自露。

1.054

“侠”之一字，昔以之加义气，今以之加挥
霍，只在气魄气骨之分。

1.055

不耕而食，不织而衣，摇唇鼓舌，妄生是非，
故知无事之人好生事。

1.056

才人经世，能人取世，晓人逢世，名人垂世，
高人玩世，达人出世。

1.057

宁为随世之庸愚，勿为欺世之豪杰。

1.058

沾泥带水之累，病根在一"恋"字；随方逐圆之妙，便宜在一"耐"字。

1.059

天下无不好谀之人，故诌之术不穷；世间尽善毁之辈，故谗之路难塞。

1.060

进善言，受善言，如两来船，则相接耳。

1.061

清福，上帝所吝，而习忙可以销福；清名，上帝所忌，而得谤可以销名。

1.062

造谤者甚忙，受谤者甚闲。

1.063

蒲柳之姿，望秋而零；松柏之质，经霜弥茂。

1.064

人之嗜名节，嗜文章，嗜游侠，如好酒然，易动客气，当以德消之。

1.065

好谈闺阃及好讥讽者，必为鬼神所忌，非有奇祸，必有奇穷。

1.066

神人之言微，圣人之言简，贤人之言明，众人之言多，小人之言妄。

1.067

士君子不能陶镕人，毕竟学问中工力未到。

1.068

有一言而伤天地之和，一事而折终身之福者，切须检点。能受善言，如市人求利，寸积铢累，自成富翁。

1.069

金帛多，只是博得垂老时子孙眼泪少，不知其他，知有争而已；金帛少，只是博得垂老时子孙眼泪多，不知其他，知有哀而已。

1.070

景不和，无以破昏蒙之气；地不和，无以壮光华之色。

1.071

一念之善，吉神随之；一念之恶，厉鬼随之。知此可以役使鬼神。

1.072

出一个丧元气进士，不若出一个积阴德平民。

1.073

眉睫才交，梦里便不能张主；眼光落地，泉下又安得分明？

1.074

佛只是个了，仙也是个了，圣人了了不知了。
不知了了是了了，若知了了便不了。

1.075

万事不如杯在手，一年几见月当头。

1.076

忧疑杯底弓蛇，双眉且展；得失梦中蕉鹿，两
脚空忙。

1.077

名茶美酒，自有真味。好事者投香物佐之，反
以为佳。此与高人韵士误堕尘网中何异？

1.078

花棚石磴，小坐微醺。歌欲独，尤欲细；茗欲频，尤欲苦。

1.079

善嘿即是能语，用晦即是处明，混俗即是藏身，安心即是适境。

1.080

虽无泉石膏肓，烟霞痼疾，要识山中宰相，天际真人。

1.081

气收自觉怒平，神敛自觉言简，容人自觉味和，守静自觉天宁。

1.082

处事不可不斩截，存心不可不宽舒，持己不可不严明，与人不可不和气。

1.083

居不必无恶邻，会不必无损友，惟在自持者两得之。

1.084

要知自家是君子小人，只须五更头检点思想的是什么便得。

1.085

以理听言，则中有主；以道窒欲，则心自清。

1.086

先淡后浓，先疏后亲，先远后近，交友道也。

1.087

苦恼世上，意气须温；嗜欲场中，肝肠欲冷。

1.088

形骸非亲，何况形骸外之长物；大地亦幻，何况大地内之微尘。

1.089

人当溷扰，则心中之境界何堪；人遇清宁，则眼前之气象自别。

1.090

寂而常惺，寂寂之境不扰；惺而常寂，惺惺之念不驰。

1.091

童子智少，愈少而愈完；成人智多，愈多而愈散。

1.092

无事便思有闲杂念头否，有事便思有粗浮意气否；得意便思有骄矜辞色否，失意便思有怨望情怀否。时时检点得到，从多入少，从有入无，才是学问的真消息。

1.093

笔之用以月计，墨之用以岁计，砚之用以世计。笔最锐，墨次之，砚钝者也。岂非钝者寿而锐者夭耶？笔最动，墨次之，砚静者也。岂非静者寿而动者夭乎？于是得养生焉。以钝为体，以静为用，唯其然是以能永年。

1.094

贫贱之人，一无所有，及临命终时，脱一"厌"字；富贵之人，无所不有，及临命终时，带一"恋"字。脱一"厌"字，如释重负；带一"恋"字，如担枷锁。

1.095

透得名利关，方是小休歇；透得生死关，方是大休歇。

1.096

人欲求道，须于功名上闹一闹方心死，此是真实语。

1.097

病至，然后知无病之快；事来，然后知无事之乐。故御病不如却病，完事不如省事。

1.098

讳贫者，死于贫，胜心使之也；讳病者，死于病，畏心蔽之也；讳愚者，死于愚，痴心覆之也。

1.099

古之人，如陈玉石于市肆，瑕瑜不掩；今之人，如货古玩于时贾，真伪难知。

1.100

士大夫损德处，多由立名心太急。

1.101

多躁者，必无沉潜之识；多畏者，必无卓越之见；多欲者，必无慷慨之节；多言者，必无笃实之心；多勇者，必无文学之雅。

1.102

剖去胸中荆棘，以便人我往来，是天下第一快活世界。

1.103

古来大圣大贤，寸针相对；世上闲言闲语，一笔勾销。

1.104

挥洒以怡情，与其应酬，何如兀坐？书礼以达情，与其工巧，何若直陈？棋局以适情，与其竞胜，何若促膝？笑谈以怡情，与其谑浪，何若狂歌？

1.105

"拙"之一字，免了无千罪过；"闲"之一字，讨了无万便宜。

1.106

斑竹半帘，惟我道心清似水；黄粱一梦，任他世事冷如冰。欲住世出世，须知机息机。

1.107

书画为柔翰，故开卷张册，贵于从容；文酒为欢场，故对酒论文，忌于寂寞。

1.108

荣利造化，特以戏人；一毫着意，便属桎梏。

1.109

士人不当以世事分读书，当以读书通世事。

1.110

天下之事，利害常相半，有全利而无小害者，惟书。

1.111

意在笔先，向庖羲细参易画；慧生牙后，恍颜氏冷坐书斋。明识红楼为无冢之丘垄，迷来认作舍身岩；真知舞衣为暗动之兵戈，快去暂同试剑石。

1.112

调性之法，须当似养花天；居才之法，切莫如妒花雨。

1.113

事忌脱空，人怕落套。

1.114

烟云堆里，浪荡子逐日称仙；歌舞丛中，淫欲身几时得度？山穷鸟道，纵藏花谷少流莺；路曲羊肠，虽覆柳荫难放马。能于热地思冷，则一世不受凄凉；能于淡处求浓，则终身不落枯槁。

1.115

会心之语，当以不解解之；无稽之言，是在不听听耳。

1.116

佳思忽来，书能下酒；侠情一往，云可赠人。

1.117

蔼然可亲，乃自溢之冲和，装不出温柔软款；翘然难下，乃生成之倨傲，假不得逊顺从容。

1.118

风流得意，则才鬼独胜顽仙；孽债为烦，则芳魂毒于虐祟。极难处是书生落魄，最可怜是浪子白头。

1.119

世路如冥，青天障蚩尤之雾；人情若梦，白日蔽巫女之云。

1.120

密交，定有夙缘，非以鸡犬盟也；中断，知其缘尽，宁关姜菲间之。

1.121

堤防不筑，尚难支移壑之虞；操存不严，岂能塞横流之性？发端无绪，归结还自支离；入门一差，进步终成恍惚。

1.122

打诨随时之妙法，休嫌终日昏昏；精明当事之祸机，却恨一生了了。藏不得是拙，露不得是丑。

1.123

形同隽石，致胜冷云，决非凡士；语学娇莺，态摹媚柳，定是弄臣。

1.124

开口辄生雌黄月旦之言，吾恐微言将绝；捉笔便惊。

1.125

风波肆险，以虚舟震撼，浪静风恬；矛盾相残，以柔指解分，兵销戈倒。

1.126

豪杰向简淡中求，神仙从忠孝上起。

1.127

人不得道，生死老病四字关，谁能透过？独美人名将，老病之状，尤为可怜。

1.128

日月如惊丸，可谓浮生矣，惟静卧是小延年；人事如飞尘，可谓劳攘矣，惟静坐是小自在。

1.129

平生不作皱眉事，天下应无切齿人。

1.130

暗室之一灯，苦海之三老，截疑网之宝剑，抉盲眼之金针。

1.131

攻取之情化，鱼鸟亦来相亲；悖戾之气销，世途不见可畏。吉人安祥，即梦寐神魂，无非和气；凶人狠戾，即声音笑语，浑是杀机。

1.132

天下无难处之事，只要两个如之何；天下无难处之人，只要三个必自反。

1.133

能脱俗便是奇，不合污便是清。处巧若拙，处明若晦，处动若静。

1.134

参玄借以见性，谈道借以修真。

1.135

世人皆醒时作浊事，安得睡时有清身？若欲睡时得清身，须于醒时有清意。

1.136

好读书非求身后之名，但异见异闻，心之所愿，是以孜孜搜讨，欲罢不能，岂为声名劳七尺也？

1.137

一间屋，六尺地，虽没庄严，却也精致；蒲作团，衣作被，日里可坐，夜间可睡；灯一盏，香一炷，石磬数声，木鱼几击；龛常关，门常闭，好人放来，恶人回避；发不除，荤不忌，道人心肠，儒者服制；不贪名，不图利，了清静缘，作解脱计；无挂碍，无拘系，闲便入来，忙便出去；省闲非，省闲气，也不游方，也不避世；在家出家，在世出世，佛何人，佛何处？此即上乘，此即三昧。日复日，岁复岁，毕我这生，任他后裔。

1.138

草色花香，游人赏其真趣；桃开梅谢，达士悟其无常。

1.139

招客留宾，为欢可喜，未断尘世之扳援；浇花种树，嗜好虽清，亦是道人之魔障。

1.140

人常想病时，则尘心便减；人常想死时，则道念自生。

1.141

入道场而随喜，则修行之念勃兴；登丘墓而徘徊，则名利之心顿尽。

1.142

铄金玷玉，从来不乏乎谗人；洗垢索瘢，尤好求多于佳士。止作秋风过耳，何妨尺雾障天。

1.143

真放肆不在饮酒高歌，假矜持偏于大庭卖弄。看明世事透，自然不重功名；认得当下真，是以常寻乐地。

1.144

富贵功名，荣枯得丧，人间惊见白头；风花雪月，诗酒琴书，世外喜逢青眼。

1.145

欲不除，似蛾扑灯，焚身乃止；贪无了，如猩嗜酒，鞭血方休。涉江湖者，然后知波涛之汹涌；登山岳者，然后知蹊径之崎岖。

1.146

人生待足何时足，未老得闲始是闲。

1.147

谈空反被空迷，耽静多为静缚。

1.148

旧无陶令酒巾，新撇张颠书草。何妨与世昏昏？只问吾心了了。

1.149

以书史为园林，以歌咏为鼓吹，以理义为膏粱，以著述为文绣，以诵读为菑畲，以记问为居积，以前言往行为师友，以忠信笃敬为修持，以作善降祥为因果，以乐天知命为西方。

1.150

云烟影里见真身，始悟形骸为桎梏；禽鸟声中闻自性，方知情识是戈矛。

1.151

事理因人言而悟者，有悟还有迷，总不如自悟之了了；意兴从外境而得者，有得还有失，总不如自得之休休。

1.152

白日欺人，难逃清夜之愧赧；红颜失志，空遗皓首之悲伤。定云止水中，有鸢飞鱼跃的景象；风狂雨骤处，有波恬浪静的风光。

1.153

平地坦途，车岂无蹶？巨浪洪涛，舟亦可渡；料无事必有事，恐有事必无事。

1.154

富贵之家，常有穷亲戚来往，便是忠厚。

1.155

朝市山林俱有事，今人忙处古人闲。

1.156

人生有书可读，有暇得读，有资能读，又涵养之如不识字人，是谓善读书者。享世间清福，未有过于此也。

1.157

世上人事无穷，越干越做不了；我辈光阴有限，越闲越见清高。

1.158

两刃相迎俱伤，两强相敌俱败。

1.159

我不害人，人不我害；人之害我，由我害人。

1.160

商贾不可与言义，彼溺于利；农工不可与言学，彼偏于业；俗儒不可与言道，彼谬于词。

1.161

博览广识见，寡交少是非。

1.162

明霞可爱，瞬眼而辄空；流水堪听，过耳而不恋。人能以明霞视美色，则业障自轻；人能以流水听弦歌，则性灵何害？休怨我不如人，不如我者常众；休夸我能胜人，胜如我者更多。

1.163

人心好胜，我以胜应必败；人情好谦，我以谦处反胜。

1.164

人言天不禁人富贵，而禁人清闲，人自不闲耳。若能随遇而安，不图将来，不追既往，不蔽目前，何不清闲之有？

1.165

暗室贞邪谁见？忽而万口喧传；自心善恶炯然，凛于四王考校。

1.166

寒山诗云："有人来骂我，分明了了知。虽然不应对，却是得便宜。"此言宜深玩味。

1.167

恩爱吾之仇也，富贵身之累也。

1.168

冯谖之铗，弹老无鱼；荆轲之筑，击来有泪。

1.169

以患难心居安乐，以贫贱心居富贵，则无往不泰矣；以渊谷视康庄，以疾病视强健，则无往不安矣。

1.170

有誉于前，不若无毁于后；有乐于身，不若无忧于心。

1.171

富时不俭贫时悔，潜时不学用时悔，醉后狂言醒时悔，安不将息病时悔。

1.172

寒灰内，半星之活火；浊流中，一线之清泉。

1.173

攻玉于石，石尽而玉出；淘金于沙，沙尽而金露。

1.174

乍交不可倾倒，倾倒则交不终；久与不可隐匿，隐匿则心必险。

1.175

丹之所藏者赤，墨之所藏者黑。

1.176

懒可卧，不可风；静可坐，不可思；闷可对，不可独；劳可酒，不可食；醉可睡，不可淫。

1.177

书生薄命原同妾，丞相怜才不论官。

1.178

少年灵慧，知抱夙根；今生冥顽，可卜来世。

1.179

拨开世上尘氛，胸中自无火炎冰兢；消却心中鄙吝，眼前时有月到风来。

1.180

尘缘割断，烦恼从何处安身；世虑潜消，清虚向此中立脚。市争利，朝争名，盖棺日何物可殉蒿里？春赏花，秋赏月，荷锸时此身常醉蓬莱。

1.181

驷马难追，吾欲三缄其口；隙驹易过，人当寸惜乎阴。

1.182

万分廉洁，止是小善；一点贪污，便为大恶。

1.183

炫奇之疾，医以平易；英发之疾，医以深沉；阔大之疾，医以充实。

1.184

才舒放即当收敛，才言语便思简默。

1.185

贫不足羞，可羞是贫而无志；贱不足恶，可恶是贱而无能；老不足叹，可叹是老而虚生；死不足悲，可悲是死而无补。身要严重，意要闲定；色要温雅，气要和平；语要简徐，心要光明；量要阔大，志要果毅；机要缜密，事要妥当。

1.186

富贵家宜学宽，聪明人宜学厚。

1.187

休委罪于气化，一切责之人事；休过望于世间，一切求之我身。

1.188

世人白昼寐语，苟能寐中作白昼语，可谓常惺惺矣。

1.189

观世态之极幻，则浮云转有常情；咀世味之昏空，则流水翻多浓旨。

1.190

大凡聪明之人，极是误事。何以故？惟其聪明生意见，意见一生，便不忍舍割。往往溺于爱河欲海者，皆极聪明之人。是非不到钓鱼处，荣辱常随骑马人。

1.191

名心未化，对妻孥亦自矜庄；隐衷释然，即梦寐皆成清楚。

1.192

观苏季子以贫穷得志，则负郭二顷田，误人实多；观苏季子以功名杀身，则武安六国印，害人不浅。

1.193

名利场中，难容伶俐；生死路上，正要糊涂。

1.194

一杯酒留万世名，不如生前一杯酒，自身行乐耳，遑恤其他；百年人做千年调，至今谁是百年人？一棺戢身，万事都已。郊野非葬人之处，楼台是为丘墓；边塞非杀人之场，歌舞是为刀兵。试观罗绮纷纷，何异旌旗密密；听管弦冗冗，何异松柏萧萧？葬王侯之骨，能消几处楼台？落壮士之头，经得几番歌舞？达者统为一观，愚人指为两地。

1.195

节义傲青云，文章高白雪。若不以德性陶镕之，终为血气之私、技能之末。

1.196

我有功于人，不可念，而过则不可不念；人有恩于我，不可忘，而怨则不可不忘。

1.197

径路窄处，留一步与人行；滋味浓时，减三分让人嗜。此是涉世一极安乐法。

1.198

己情不可纵，当用逆之法制之，其道在一"忍"字；人情不可拂，当用顺之法调之，其道在一"恕"字。

1.199

昨日之非不可留，留之则根烬复萌，而尘情终累乎理趣；今日之是不可执，执之则渣滓未化，而理趣反转为欲根。

1.200

文章不疗山水癖，身心每被野云羁。

卷二 情

语云：当为情死，不当为情怨。明乎情者，原可死而不可怨者也。虽然，既云情矣，此身已为情有，又何忍死耶？然不死终不透彻耳。韩翃之柳、崔护之花、汉宫之流叶、蜀女之飘梧，令后世有情之人咨嗟想慕，托之语言，寄之歌咏；而奴无昆仑，客无黄衫，知己无押衙，同志无虞候，则虽盟在海棠，终是陌路萧郎耳。集情第二。

2.001

家胜阳台，为欢非梦；人惭萧史，相偶成仙。轻扇初开，忻看笑靥；长眉始画，愁对离妆。广摄金屏，莫令愁拥；恒开锦幔，速望人归。镜台新去，应余落粉；熏炉未徙，定有余烟。泪滴芳衾，锦花长湿；愁随玉轸，琴鹤恒惊。锦水丹鳞，素书稀远；玉山青鸟，仙使难通。彩笔试操，香笺遂满；行云可托，梦想还劳。九重千日，讵想倡家？单枕一宵，便如浪子。当令照影双来，一鸾羞镜；勿使推窗独坐，嫦娥笑人。

2.002

几条杨柳，沾来多少啼痕？三叠阳关，唱彻古今离恨。

2.003

世无花月美人，不愿生此世界。

2.004

荀令君至人家，坐处留香三日。

2.005

罄南山之竹，写意无穷；决东海之波，流情不尽。愁如云而长聚，泪若水以难干。

2.006

弄绿绮之琴，焉得文君之听？濡彩毫之笔，难描京兆之眉。瞻云望月，无非凄怆之声；弄柳拈花，尽是销魂之处。

2.007

悲火常烧心曲，愁云频压眉尖。

2.008

五更三四点，点点生愁；一日十二时，时时寄恨。

2.009

燕约莺期，变作鸾悲凤泣；蜂媒蝶使，翻成绿惨红愁。

2.010

花柳深藏淑女居，何殊三千弱水？雨云不入襄王梦，空忆十二巫山。

2.011

枕边梦去心亦去，醒后梦还心不还。

2.012

万里关河，鸿雁来时悲信断；满腔愁绪，子规啼处忆人归。

2.013

千叠云山千叠愁，一天明月一天恨。

2.014

豆蔻不消心上恨，丁香空结雨中愁。

2.015

月色悬空，皎皎明明，偏自照人孤寂；蛩声泣露，啾啾唧唧，都来助我愁思。

2.016

慈悲筏济人出相思海，恩爱梯接人下离恨天。

2.017

费长房缩不尽相思地，女娲氏补不完离恨天。

2.018

孤灯夜雨，空把青年误，楼外青山无数，隔不断新愁来路。

2.019

黄叶无风自落，秋云不雨长阴。天若有情天亦老，摇摇幽恨难禁。惘怅旧人如梦，觉来无处追寻。

2.020

蛾眉未赎，谩劳桐叶寄相思；潮信难通，空向桃花寻往迹。野花艳目，不必牡丹；村酒醺人，何须绿蚁。

2.021

琴罢辄举酒，酒罢辄吟诗。三友递相引，循环无已时。

2.022

阮籍邻家少妇有美色，当垆沽酒，籍尝诣饮，醉便卧其侧。隔帘闻堕钗声，而不动念者，此人不痴则慧，我幸在不痴不慧中。

2.023

桃叶题情，柳丝牵恨。胡天胡帝，登徒于焉怡目；为云为雨，宋玉因而荡心。轻泉刀若土壤，居然翠袖之朱家；重然诺如丘山，不忝红妆之季布。

2.024

蝴蝶长悬孤枕梦，凤凰不上断弦鸣。

2.025

吴妖小玉飞作烟，越艳西施化为土。

2.026

妙唱非关舌，多情岂在腰？

2.027

孤鸿翱翔以不去，浮云黯霭而荏苒。

2.028

楚王宫里，无不推其细腰；魏国佳人，俱言讶其纤手。

2.029

传鼓瑟于杨家，得吹箫于秦女。

2.030

春草碧色，春水绿波，送君南浦，伤如之何？

2.031

玉树以珊瑚作枝，珠帘以玳瑁为柙。

2.032

东邻巧笑，来侍寝于更衣；西子微颦，将横陈于甲帐。

2.033

骋纤腰于结风，奏新声于度曲。妆鸣蝉之薄鬓，照坠马之垂鬟。金星与婺女争华，麝月共嫦娥竞爽。惊鸾冶袖，时飘韩掾之香；飞燕长裾，宜结陈王之佩。轻身无力，怯南阳之捣衣；生长深宫，笑扶风之织锦。

2.034

青牛帐里，余曲既终；朱鸟窗前，新妆已竟。

2.035

山河绵邈，粉黛若新。椒华承彩，竟虚待月之帘；癸骨埋香，谁作双鸾之雾。

2.036

蜀纸麝煤添笔媚，越瓯犀液发茶香。风飘乱点更筹转，拍送繁弦曲破长。

2.037

教移兰烬频羞影，自拭香汤更怕深。初似染花难抑按，终忧沃雪不胜任。岂知侍女帘帏外，赚取君玉数饼金。

2.038

静中楼阁春深雨，远处帘栊半夜灯。

2.039

绿屏无睡秋分簟，红叶伤时月午楼。

2.040

但觉夜深花有露，不知人静月当楼。何郎烛暗谁能咏？韩寿香熏亦任偷。

2.041

阆苑有书多附鹤，女墙无树不栖鸾。星沉海底当窗见，雨过河源隔座看。

2.042

风阶拾叶，山人茶灶劳薪；月径聚花，素士吟坛绮席。

2.043

当场笑语，尽如形骸外之好人；背地风波，谁是意气中之烈士。

2.044

山翠扑帘，卷不起青葱一片；树阴流径，扫不开芳影几层。

2.045

珠帘蔽月，翻窥窈窕之花；绮幔藏云，恐碍扶疏之柳。

2.046

幽堂昼深，清风忽来好伴；虚窗夜朗，明月不减故人。

2.047

多恨赋花，风瓣乱侵笔墨；含情问柳，雨丝牵惹衣裾。

2.048

亭前杨柳，送尽到处游人；山下蘼芜，知是何时归路？

2.049

天涯浩渺，风飘四海之魂；尘士流离，灰染半生之劫。

2.050

蝶憩香风，尚多芳梦；鸟沾红雨，不任娇啼。

2.051

幽情化而石立，怨风结而冢青。千古空闺之感，顿令薄倖惊魂。

2.052

一片秋山，能疗病客；半声春鸟，偏唤愁人。

2.053

李太白酒圣，蔡文姬书仙，置之一时，绝妙佳偶。

2.054

华堂今日绮筵开，谁唤分司御史来。忽发狂言惊满座，两行红粉一时回。

2.055

缘之所寄，一往而深。故人恩重，来燕子于雕梁；逸士情深，托凫雏于春水。好梦难通，吹散巫山云气；仙缘未合，空探游女珠光。

2.056

桃花水泛，晓妆宫里腻胭脂；杨柳风多，堕马结中摇翡翠。

2.057

对妆则色殊，比兰则香越。泛明彩于宵波，飞澄华于晓月。

2.058

纷弱叶而凝照，竞新藻而抽英。

2.059

手巾还欲燥，愁眉即使开。逆想行人至，迎前含笑来。

2.060

逶迤洞房，半入宵梦；窈窕闲馆，方增客愁。

2.061

悬媚子于搔头，拭钗梁于粉絮。

2.062

临风弄笛，栏杆上桂影一轮；扫雪烹茶，篱落边梅花数点。银烛轻弹，红妆笑倚，人堪惜情更堪惜；困雨花心，垂阴柳耳，客堪怜春亦堪怜。

2.063

肝胆谁怜？形影自为管、鲍；唇齿相济，天涯孰是穷交？兴言及此，辄欲再广绝交之论，重作署门之句。

2.064

燕市之醉泣，楚帐之悲歌，歧路之涕零，穷途之恸哭，每一退念及此，虽在千载以后，亦感慨而兴嗟。

2.065

陌上繁华，两岸春风轻柳絮；闺中寂寞，一窗夜雨瘦梨花。芳草归迟，青骢别易，多情成恋，薄命何嗟？要亦人各有心，非关女德善怨。

2.066

山水花月之际，看美人更觉多韵。非美人借韵于山水花月也，山水花月直借美人生韵耳。

2.067

深花枝，浅花枝，深浅花枝相间时，花枝难似伊。巫山高，巫山低，暮雨潇潇郎不归，空房独守时。

2.068

青娥皓齿别吴倡，梅粉妆成半额黄。罗屏绣幔围寒玉，帐里吹笙学凤凰。

2.069

初弹如珠后如缕，一声两声落花雨。诉尽平生云水心，尽是春花秋月语。

春娇满眼睡红绡，掠削云鬟施妆束。飞上九天歌一声，二十五郎吹管篴。

琵琶新曲，无待石崇；箜篌杂引，非因曹植。

休文腰瘦，羞惊罗带之频宽；贾女容销，懒照蛾眉之常锁。琉璃砚匣，终日随身；翡翠笔床，无时离手。

清文满箧，非惟芍药之花；新制连篇，宁止葡萄之树。

2.074

西蜀豪家，托情穷于鲁殿；东台甲馆，流咏止
于洞箫。

2.075

醉把杯酒，可以吞江南吴越之清风；拂剑长
啸，可以吸燕赵秦陇之劲气。

2.076

林花翻洒，乍飘飏于兰皋；山禽哢响，时弄声
于乔木。

2.077

长将姊妹丛中避，多爱湖山僻处行。

2.078

未知枕上曾逢女，可认眉尖与画郎。

2.079

蘋风未冷催鸳别，沉檀合子留双结；千缕愁丝只数围，一片香痕才半节。

2.080

那忍重看娃鬓绿？终期一遇客衫黄。

2.081

金钱赐侍儿，暗嘱教休语。

2.082

薄雾几层推月出，好山无数渡江来；轮将秋动虫先觉，换得更深鸟越催。

2.083

花飞帘外凭笺讯，雨到窗前滴梦寒。

2.084

樯标远汉，昔时鲁氏之戈；帆影寒沙，此夜姜家之被。

2.085

填愁不满吴娃井，剪纸空题蜀女祠。

2.086

良缘易合，红叶亦可为媒；知己难投，白璧未能获主。

2.087

填平湘岸都栽竹，截住巫山不放云。

2.088

鸭为怜香死，鸳因泥睡痴。

2.089

红印山痕春色微，珊瑚枕上见花飞。烟鬟潦乱
香云湿，疑向襄王梦里归。

2.090

零乱如珠为点妆，素辉乘月湿衣裳。只愁天酒
倾如斗，醉却环姿傍玉床。

2.091

有魂落红叶，无骨锁青鬟。

2.092

书题蜀纸愁难浣，雨歇巴山话亦陈。

2.093

盈盈相隔愁追随，谁为解语来香帷？

2.094

斜看两鬓垂，俨似行云嫁。

2.095

欲与梅花斗宝妆，先开娇艳逼寒香。只愁冰骨
藏珠屋，不似红衣待玉郎。

2.096

纵教弄酒春衫浣，别有风流上眼波。

2.097

听风声以兴思，闻鹤唳以动怀。企庄生之逍
遥，慕尚子之清旷。

2.098

灯结细花成穗落，泪题愁字带痕红。

2.099

无端饮却相思水，不信相思想杀人。

2.100

渔舟唱晚，响穷彭蠡之滨；雁阵惊寒，声断衡阳之浦。

2.101

爽籁发而清风生，纤歌凝而白云遏。

2.102

杏子轻衫初脱暖，梨花深院自多风。

卷三　峭

今天下皆妇人矣！封疆缩其地，而中庭之歌舞犹喧；战血枯其人，而满座之貂蝉自若。我辈书生，既无诛乱讨贼之柄，而一片报国之忧，惟于寸楮尺字间见之；使天下之须眉而妇人者，亦耸然有起色。集峭第三。

3.001

忠孝，吾家之宝；经史，吾家之田。

3.002

闲到白头真是拙，醉逢青眼不知狂。

3.003

兴之所到，不妨呕出惊人；心故不然，也须随场作戏。

3.004

放得俗人心下，方可为丈夫。放得丈夫心下，方名为仙佛。放得仙佛心下，方名为得道。

3.005

吟诗劣于讲书，骂座恶于足恭。两而揆之，宁为薄幸狂夫，不作厚颜君子。

3.006

观人题壁，便识文章。

3.007

宁为真士夫，不为假道学。宁为兰摧玉折，不作萧敷艾荣。

3.008

随口利牙，不顾天荒地老；翻肠倒肚，哪管鬼哭神愁？

3.009

身世浮名，余以梦蝶视之，断不受肉眼相看。

3.010

达人撒手悬崖，俗子沉身苦海。

3.011

销骨口中，生出莲花九品；铄金舌上，容他鹦鹉千言。

3.012

少言语以当贵，多著述以当富，载清名以当车，咀英华以当肉。

3.013

竹外窥鸟，树外窥山，峰外窥云，难道我有意无意；鹤来窥人，月来窥酒，雪来窥书，却看他有情无情。

3.014

体裁如何，出月隐山；情景如何，落日映屿；气魄如何，收露敛色；议论如何，回飙拂渚。

3.015

有大通必有大塞，无奇遇必无奇穷。

3.016

雾满杨溪，玄豹山间偕日月；云飞翰苑，紫龙天外借风雷。西山霁雪，东岳含烟；驾凤桥以高飞，登雁塔而远眺。

3.017

一失脚为千古恨，再回头是百年人。

3.018

居轩冕之中，要有山林的气味；处林泉之下，常怀廊庙的经纶。

3.019

学者有段兢业的心思，又要有段潇洒的趣味。

3.020

平民种德施惠，是无位之公卿；仕夫贪财好货，乃有爵的乞丐。

3.021

烦恼场空，身住清凉世界；营求念绝，心归自在乾坤。

3.022

觑破兴衰究竟，人我得失冰消；阅尽寂寞繁华，豪杰心肠灰冷。

3.023

名衲谈禅，必执经升座，便减三分禅理。

3.024

穷通之境未遭，主持之局已定；老病之势未催，生死之关先破。求之今人，谁堪语此？

3.025

一纸八行，不遇寒温之句；鱼腹雁足，空有来往之烦，是以嵇康不作，严光口传，豫章掷之水中，陈泰挂之壁上。

3.026

枝头秋叶，将落犹然恋树；檐前野鸟，除死方得离笼。人之处世，可怜如此。

3.027

士人有百折不回之真心，才有万变不穷之妙用。

3.028

立业建功，事事要从实地着脚，若少慕声闻，便成伪果；讲道修德，念念要从虚处立基，若稍计功效，便落尘情。

3.029

执拗者福轻，而圆融之人其禄必厚；操切者寿夭，而宽厚之士其年必长，故君子不言命，养性即所以立命；亦不言天，尽人自可以回天。

3.030

才智英敏者，宜以学问摄其躁；气节激昂者，当以德性融其偏。

3.031

苍蝇附骥，捷则捷矣，难辞处后之羞；茑萝依松，高则高矣，未免仰攀之耻，所以君子宁以风霜自挟，毋为鱼鸟亲人。伺察以为明者，常因明而生暗，故君子以恬养智；奋迅以求速者，多因速而致迟，故君子以重持轻。

3.032

有面前之誉易，无背后之毁难；有乍交之欢易，无久处之厌难。

3.033

宇宙内事，要担当，又要善摆脱。不担当，则无经世之事业；不摆脱，则无出世之襟期。

3.034

待人而留有余不尽之恩，可以维系无厌之人心；御事而留有余不尽之智，可以提防不测之事变。

3.035

无事如有事时提防，可以弭意外之变；有事如无事时镇定，可以销局中之危。

3.036

爱是万缘之根，当知割舍；识是众欲之本，要力扫除。

3.037

舌存，常见齿亡，刚强终不胜柔弱；户朽，未闻枢蠹，偏执岂及圆融。

3.038

荣宠旁边辱等待，不必扬扬；困穷背后福跟
随，何须戚戚？看破有尽身躯，万境之尘缘自息；
悟入无怀境界，一轮之心月独明。

3.039

霜天闻鹤唳，雪夜听鸡鸣，得乾坤清绝之气；
晴空看鸟飞，活水观鱼戏，识宇宙活泼之机。

3.040

斜阳树下，闲随老衲清谈；深雪堂中，戏与骚
人白战。

3.041

山月江烟，铁笛数声，便成清赏；天风海涛，
扁舟一叶，大是奇观。

3.042

秋风闭户，夜雨挑灯，卧读《离骚》泪下；霁日寻芳，春宵载酒，闲歌《乐府》神怡。

3.043

云水中载酒，松篁里煎茶，岂必銮坡侍宴；山林下著书，花鸟间得句，何须凤沼挥毫。

3.044

人生不好古，象鼎牺尊变为瓦缶；世道不怜才，凤毛麟角化作灰尘。

3.045

要做男子，须负刚肠；欲学古人，当坚苦志。

3.046

风尘善病，伏枕处一片青山；岁月长吟，操
觚时千篇白雪。亲兄弟折箸，璧合翻作瓜分；士
大夫爱钱，书香化为铜臭。心为形役，尘世马牛；
身被名牵，樊笼鸡鹜。

3.047

懒见俗人，权辞托病；怕逢尘事，诡迹逃禅。

3.048

人不通古今，襟裾马牛；士不晓廉耻，衣冠
狗彘。

3.049

道院吹笙，松风袅袅；空门洗钵，花雨纷纷。

3.050

囊无阿堵，岂便求人；盘有水晶，犹堪留客。

3.051

种两顷附郭田，量晴较雨；寻几个知心友，弄月嘲风。

3.052

着履登山，翠微中独逢老衲；乘桴浮海，雪浪里群傍闲鸥。才士不妨泛驾，辕下驹吾弗愿也；诤臣岂合模棱，殿上虎君无尤焉。

3.053

荷钱榆荚，飞来都作青蚨；柔玉温香，观想可成白骨。

3.054

旅馆题蕉，一路留来魂梦谱；客途惊雁，半天寄落别离书。歌儿带烟霞之致，舞女具丘壑之资。生成世外风姿，不惯尘中物色。

3.055

今古文章，只在苏东坡鼻端定优劣；一时人品，却从阮嗣宗眼内别雌黄。

3.056

魑魅满前，笑著阮家无鬼论；炎嚣阅世，愁披刘氏北风图。气夺山川，色结烟霞。

3.057

诗思在灞陵桥上，微吟处，林岫便已浩然；野趣在镜湖曲边，独往时，山川自相映发。

3.058

至音不合众听，故伯牙绝弦；至宝不同众好，故卞和泣玉。看文字，须如猛将用兵，直是鏖战一阵；亦如酷吏治狱，直是推勘到底，决不恕他。

3.059

名山乏侣，不解壁上芒鞋；好景无诗，虚携囊中锦字。

3.060

辽水无极，雁山参云。闺中风暖，陌上草薰。

3.061

秋露如珠，秋月如珪；明月白露，光阴往来；与子之别，心思徘徊。

3.062

　　声应气求之夫，决不在于寻行数墨之士；风行水上之文，决不在于一句一字之奇。

3.063

　　借他人之酒杯，浇自己之块垒。

3.064

　　春至不知湘水深，日暮忘却巴陵道。

3.065

　　奇曲雅乐，所以禁淫也；锦绣黼黻，所以御暴也。缛则太过，是以檀卿刺郑声，周人伤北里。静若清夜之列宿，动若流慧之互奔。振骏气以摆雷，飞雄光以倒电。

3.066

停之如栖鹄，挥之如惊鸿。飘缨蕤于轩幌，发晖曜于群龙。始缘甍而冒栋，终开帘而入隙；初便娟于墀庑，未萦盈于帷席。

3.067

云气荫于丛蓍，金精养于秋菊。落叶半床，狂花满屋。

3.068

雨送漆砚之水，竹供扫榻之风。

3.069

血三年而藏碧，魂一变而成红。

3.070

举黄花而乘月艳，笼黛叶而卷云翘。

3.071

垂纶帘外，疑钩势之重悬；透影窗中，若镜光之开照。

3.072

叠轻蕊而矜暖，布重泥而讶湿。迹似连珠，形如聚粒。

3.073

霄光分晓，出虚窦以双飞；微阴合暝，舞低檐而并入。

3.074

任他极有见识，看得假认不得真；随你极有聪明，卖得巧藏不得拙。

3.075

伤心之事，即懦夫亦动怒发；快心之举，虽愁人亦开笑颜。

3.076

论官府不如论帝王，以佐史臣之不逮；谈闺阃不如谈艳丽，以补风人之见遗。

3.077

是技皆可成名天下，唯无技之人最苦；片技即足自立天下，唯多技之人最劳。

3.078

傲骨、侠骨、媚骨，即枯骨可致千金；冷语、隽语、韵语，即片语亦重九鼎。

3.079

议生草莽无轻重，论到家庭无是非。

3.080

圣贤不白之衷，托之日月；天地不平之气，托之风雷。

3.081

风流易荡，佯狂前颠。

3.082

书载茂先三十乘，便可移家；囊无子美一文钱，尽堪结客。有作用者，器宇定是不凡；有受用者，才情决然不露。

3.083

松枝自是幽人笔，竹叶常浮野客杯。

3.084

且与少年饮美酒，往来射猎西山头。

3.085

瑶草与芳兰而并茂，苍松齐古柏以增龄。

3.086

好山当户天呈画，古寺为际僧报钟。

3.087

群鸿戏海，野鹤游天。

卷四　灵

　　天下有一言之微，而千古如新；一字之义，而百世如见者，安可泯灭之？故风雷雨露，天之灵；山川民物，地之灵；语言文字，人之灵。罩三才之用，无非一灵以神其间，而又何可泯灭之？集灵第四。

4.001

投刺空劳，原非生计；曳裾自屈，岂是交游？

4.002

事遇快意处当转，言遇快意处当住。

4.003

俭为贤德，不可着意求贤；贫是美称，只是难居其美。

4.004

志要高华，趣要澹泊。

4.005

眼里无点灰尘，方可读书千卷；胸中没些渣滓，才能处世一番。

4.006

眉上几分愁，且去观棋酌酒；心中多少乐，只来种竹浇花。

4.007

茅屋竹窗，贫中之趣，何须脚到李侯门？草帖画谱，闲里所需，直凭心游扬子宅。

4.008

好香用以熏德，好纸用以垂世，好笔用以生花，好墨用以焕彩，好茶用以涤烦，好酒用以消忧。

4.009

声色娱情，何若净几明窗，一坐息顷；利荣驰念，何若名山胜景，一登临时。

4.010

竹篱茅舍，石屋花轩。松柏群吟，藤萝翳景。流水绕户，飞泉挂檐。烟霞欲栖，林壑将瞑。中处野叟山翁四五，予以闲身，作此中主人。坐沉红烛，看遍青山，消我情肠，任他冷眼。

4.011

问妇索酿，瓮有新篘；呼童煮茶，门临好客。

4.012

花前解佩，湖上停桡，弄月放歌，采莲高醉；晴云微裛，渔笛沧浪，华句一垂，江山共峙。

4.013

胸中有灵丹一粒，方能点化俗情，摆脱世故。

4.014

独坐丹房，潇然无事，烹茶一壶，烧香一炷，看达摩面壁图。垂帘少顷，不觉心静神清，气柔息定，濛濛然如混沌境界，意者揖达摩与之乘槎而见麻姑也。

4.015

无端妖冶，终成泉下骷髅；有分功名，自是梦中蝴蝶。

4.016

累月独处，一室萧条；取云霞为侣伴，引青松为心知。或稚子老翁，闲中来过，浊酒一壶，蹲鸱一盂，相共开笑口，所谈浮生闲话，绝不及市朝。客去关门，了无报谢，如是毕余生足矣。

4.017

半坞白云耕不尽，一潭明月钓无痕。

4.018

茅檐外，忽闻犬吠鸡鸣，恍似云中世界；竹窗下，唯有蝉吟鹊噪，方知静里乾坤。

4.019

如今休去便休去，若觅了时无了时。若能行乐，即今便好快活。身上无病，心上无事，春鸟是笙歌，春花是粉黛。闲得一刻，即为一刻之乐，何必情欲乃为乐耶？

4.020

开眼便觉天地阔，挝鼓非狂；林卧不知寒暑更，上床空算。惟俭可以助廉，惟恕可以成德。

4.021

山泽未必有异士，异士未必在山泽。

4.022

业净六根成慧眼，身无一物到茅庵。

4.023

人生莫如闲，太闲反生恶业；人生莫如清，太清反类俗情。"不是一番寒彻骨，怎得梅花扑鼻香？"念头稍缓时，便庄诵一遍。梦以昨日为前身，可以今夕为来世。

4.024

读史要耐讹字，正如登山耐仄路，蹈雪耐危桥，闲居耐俗汉，看花耐恶酒，此方得力。

4.025

世外交情，惟山而已。须有大观眼、济胜具、久住缘，方许与之为莫逆。

4.026

九山散樵迹，俗间徜徉自肆。遇佳山水处，盘礴箕踞，四顾无人，则划然长啸，声振林木。有客造榻与语，对曰："余方游华胥，接羲皇，未暇理君语。"客之去留，萧然不以为意。

4.027

择地纳凉，不若先除热恼；执鞭求富，何如急遣穷愁？

4.028

万壑疏风清，两耳闻世语，急须敲玉磬三声；九天凉月净，初心诵其经，胜似撞金钟百下。

4.029

无事而忧，对景不乐，即自家亦不知是何缘故，这便是一座活地狱，更说什么铜床铁柱、剑树刀山也。

4.030

烦恼之场，何种不有，以法眼照之，奚啻蝎蹈空花？

4.031

上高山，入深林，穷回溪，幽泉怪石，无远不到；到则拂草而坐，倾壶而醉；醉则更相藉枕以卧，意亦甚适，梦亦同趣。

4.032

闭门阅佛书，开门接佳客，出门寻山水，此人生三乐。

4.033

客散门扃，风微日落，碧月皎皎当空，花阴徐徐满地；近檐鸟宿，远寺钟鸣，茶铛初熟，酒瓮乍开；不成八韵新诗，毕竟一团俗气。

4.034

不作风波于世上，自无冰炭到胸中。

4.035

秋月当天，纤云都净，露坐空阔去处，清光冷浸，此身如在水晶宫里，令人心胆澄彻。

4.036

遗子黄金满箧，不如教子一经。

4.037

凡醉各有所宜。醉花宜昼，袭其光也；醉雪宜夜，清其思也；醉得意宜唱，宣其和也；醉将离宜击钵，壮其神也；醉文人宜谨节奏，畏其侮也；醉俊人宜益觥盂加旗帜，助其烈也；醉楼宜暑，资其清也；醉水宜秋，泛其爽也。此皆审其宜，考其景，反此则失饮矣。竹风一阵，飘扬茶灶疏烟；梅月半湾，掩映书窗残雪。

4.038

厨冷分山翠，楼空入水烟。

4.039

闲疏滞叶通邻水；拟典荒居作小山。

4.040

聪明而修洁，上帝固录清虚；文墨而贪残，冥官不受词赋。破除烦恼，二更山寺木鱼声；见彻性灵，一点云堂优钵影。兴来醉倒落花前，天地即为衾枕；机息忘怀磐石上，古今尽属蜉蝣。

4.041

老树着花，更觉生机郁勃；秋禽弄舌，转令幽兴潇疏。

4.042

完得心上之本来，方可言了心；尽得世间之常道，才堪论出世。

4.043

雪后寻梅，霜前访菊，雨际护兰，风外听竹；固野客之闲情，实文人之深趣。

4.044

结一草堂，南洞庭月，北峨眉雪，东泰岱松，西潇湘竹；中具晋高僧支法，八尺沉香床。浴罢温泉，投床鼾睡，以此避暑，讵不乐乎？

4.045

人有一字不识，而多诗意；一偈不参，而多禅意；一勺不濡，而多酒意；一石不晓，而多画意。淡宕故也。

4.046

以看世人青白眼转而看书，则圣贤之真见识；以议论人雌黄口转而论史，则左、狐之真是非。

4.047

事到全美处，怨我者不能开指摘之端；行到至污处，爱我者不能施掩护之法。

4.048

必出世者，方能入世，不则世缘易堕；必入世者，方能出世，不则空趣难持。

4.049

调性之法，急则佩韦，缓则佩弦；谐情之法，水则从舟，陆则从车。

4.050

才人之行多放，当以正敛之；正人之行多板，当以趣通之。人有不及，可以情恕；非义相干，可以理遣。佩此两言，足以游世。

4.051

冬起欲迟，夏起欲早；春睡欲足，午睡欲少。

4.052

无事当学白乐天之嗒然，有客宜仿李建勋之击磬。

4.053

郊居，诛茅结屋，云霞栖梁栋之间，竹树在汀洲之外；与二三同调，望衡对宇，联接巷陌；风天雪夜，买酒相呼；此时觉曲生气味，十倍市饮。

4.054

万事皆易满足，惟读书终身无尽；人何不以不知足一念加之书？又云：读书如服药，药多力自行。

4.055

醉后辄作草书十数行，便觉酒气拂拂，从十指中出去也。书引藤为架，人将薜为衣。

4.056

从江干溪畔，箕踞石上，听水声浩浩潺潺，粼粼冷冷，恰似一部天然之乐韵，疑有湘灵在水中鼓瑟也。

4.057

鸿中叠石，未论高下，但有木阴水气，便自超绝。

4.058

段由夫携瑟，就松风涧响之间曰："三者皆自然之声，正合类聚。"高卧闲窗，绿阴清昼，天地何其寥廓也！

4.059

少学琴书，偶爱清净，开卷有得，便欣然忘食；见树木交映，时鸟变声，亦复欢然有喜。常言：五六月，卧北窗下，遇凉风暂至，自谓羲皇上人。

4.060

空山听雨，是人生如意事。听雨必于空山破寺中，寒雨围炉，可以烧败叶，烹鲜笋。

4.061

鸟啼花落，欣然有会于心。遣小奴，挈瘿樽，酤白酒，醑一梨花瓷盏；急取诗卷，快读一过以咽之，萧然不知其在尘埃间也。

4.062

闭门即是深山，读书随处净土。

4.063

千岩竞秀，万壑争流，草木蒙笼其上，若云兴霞蔚。

4.064

从山阴道上行，山川自相映发，使人应接不暇；若秋冬之际，犹难为怀。

4.065

欲见圣人气象，须于自己胸中洁净时观之。

4.066

执笔惟凭于手熟，为文每事于口占。

4.067

箕踞于斑竹林中，徙倚于青矶石上。所有道笈梵书，或校雠四五字，或参讽一两章。茶不甚精，壶亦不燥；香不甚良，灰亦不死。短琴无曲而有弦，长讴无腔而有音。激气发于林樾，好风逆之水涯。若非羲皇以上，定亦嵇、阮之间。

4.068

闻人善则疑之，闻人恶则信之，此满腔杀机也。

4.069

士君子尽心利济，使海内少他不得，则天亦自然少他不得，即此便是立命。

4.070

读书不独变气质，且能养精神，盖理义收摄故也。

4.071

周旋人事后，当诵一部清净经；吊丧问疾后，当念一通扯淡歌。

4.072

卧石不嫌于斜，立石不嫌于细，倚石不嫌于薄，盆石不嫌于巧，山石不嫌于拙。

4.073

雨过生凉境闲情，适邻家笛韵，与晴云断雨逐听之，声声入肺肠。

4.074

不惜费，必至于空乏而求人；不受享，无怪乎守财而遗诮。园亭若无一段山林景况，只以壮丽相炫，便觉俗气扑人。

4.075

餐霞吸露，聊驻红颜；弄月嘲风，闲销白日。

4.076

清之品有五：睹标致，发厌俗之心，见精洁，动出尘之想，名曰清兴；知蓄书史，能亲笔砚，布景物有趣，种花木有方，名曰清致；纸裹中窥钱，瓦瓶中藏粟，困顿于荒野，摈弃乎血属，名曰清苦；指幽僻之耽，夸以为高，好言动之异，标以为放，名曰清狂；博极今古，适情泉石，文韵带烟霞，行事绝尘俗，名曰清奇。

4.077

对棋不若观棋，观棋不若弹瑟，弹瑟不若听琴。古云："但识琴中趣，何劳弦上音？"斯言信然。

4.078

弈秋往矣，伯牙往矣，千百世之下，止存遗谱，似不能尽有益于人。唯诗文字画，足为传世之珍，垂名不朽。总之身后名，不若生前酒耳。

4.079

君子虽不过信人，君子断不过疑人。

4.080

人只把不如我者较量，则自知足。

4.081

折胶铄石，虽累变于岁时；热恼清凉，原只在于心境，所以佛国都无寒暑，仙都长似三春。

4.082

鸟栖高枝，弹射难加；鱼潜深渊，网钓不及；士隐岩穴，祸患焉至。

4.083

于射而得揖让，于棋而得征诛；于忙而得伊、周，于闲而得巢、许；于醉而得瞿昙，于病而得老、庄，于饮食衣服、出作入息，而得孔子。

4.084

前人云："昼短苦夜长，何不秉烛游？"不当草草看过。

4.085

优人代古人语，代古人笑，代古人愤，今文人为文似之。优人登台肖古人，下台还优人，今文人为文又似之。假令古人见今文人，当何如愤，何如笑，何如语？

4.086

看书只要理路通透，不可拘泥旧说，更不可附会新说。

4.087

简傲不可谓高，诡谀不可谓谦，刻薄不可谓严明，阘茸不可谓宽大。

4.088

作诗能把眼前光景、胸中情趣，一笔写出，便是作手，不必说唐说宋。

4.089

少年休笑老年颠，及得老年颠一般。只怕不到颠时老，老年何暇笑少年？

4.090

饥寒困苦福将至已，饱饫宴游祸将生焉。

4.091

打透生死关，生来也罢，死来也罢；参破名利场，得了也好，失了也好。

4.092

混迹尘中，高视物外；陶情杯酒，寄兴篇咏；藏名一时，尚友千古。

4.093

痴矣狂客，酷好宾朋；贤哉细君，无违夫子。醉人盈座，簪裾半尽；酒家食客满堂，瓶瓮不离米肆。灯烛荧荧，且耽夜酌；爨烟寂寂，安问晨炊？生来不解攒眉，老去弥堪鼓腹。

4.094

皮囊速坏，神识常存，杀万命以养皮囊，罪卒归于神识；佛性无边，经书有限，穷万卷以求佛性，得不属于经书。

4.095

人胜我无害，彼无蓄怨之心；我胜人非福，恐有不测之祸。

4.096

书屋前，列曲槛栽花，凿方池浸月，引活水养鱼；小窗下，焚清香读书，设净几鼓琴，卷疏帘看鹤，登高楼饮酒。

4.097

人人爱睡，知其味者甚鲜；睡则双眼一合，百事俱忘，肢体皆适，尘劳尽消，即黄粱南柯，特余事已耳。静修诗云："书外论交睡最贤。"旨哉言也！

4.098

过份求福，适以速祸；安分远祸，将自得福。

4.099

倚势而凌人，势败而人凌；恃财而侮人，财散而人侮。此循环之道。我争者，人必争，虽极力争之，未必得；我让者，人必让，虽极力让之，未必失。

4.100

贫不能享客，而好结客；老不能徇世，而好维世；穷不能买书，而好读奇书。

4.101

沧海日，赤城霞，峨眉雪，巫峡云，洞庭月，潇湘雨，彭蠡烟，广陵涛，庐山瀑布，合宇宙奇观，绘吾斋壁；少陵诗，摩诘画，《左传》文，马迁史，薛涛笺，右军帖，南华经，相如赋，屈子离骚，收古今绝艺，置我山窗。

4.102

偶饭淮阴，定万古英雄之眼，自有一段真趣，纷扰不宁者，何能得此？醉题便殿，生千秋风雅之光，自有一番奇特，踽踽牖下者，岂易获诸？

4.103

清闲无事，坐卧随心，虽粗衣淡食，自有一段真趣；纷扰不宁，忧患缠身，虽锦衣厚味，只觉万状愁苦。

4.104

我如为善，虽一介寒士，有人服其德；我如为恶，纵位极人臣，有人议其过。

4.105

读理义书，学法帖字，澄心静坐，益友清谈，小酌半醺，浇花种竹，听琴玩鹤，焚香煮茶，泛舟观山，寓意弈棋。虽有他乐，吾不易矣。

4.106

成名每在穷苦日，败事多因得志时。

4.107

宠辱不惊，肝木自宁；动静以敬，心火自定；饮食有节，脾土不泄；调息寡言，肺金自全；怡神寡欲，肾水自足。

4.108

让利精于取利，逃名巧于邀名。

4.109

彩笔描空，笔不落色，而空亦不受染；利刀割水，刀不损锷，而水亦不留痕。

4.110

唾面自干，娄师德不失为雅量；睚眦必报，郭象玄未免为祸胎。

4.111

天下可爱的人，都是可怜人；天下可恶的人，都是可惜人。事业文章，随身销毁，而精神万古如新；功名富贵，逐世转移，而气节千载一日。

4.112

读书到快目处，起一切沉沦之色；说话到洞心处，破一切暧昧之私。

4.113

谐臣媚子，极天下聪颖之人；秉正嫉邪，作世间忠直之气。隐逸林中无荣辱，道义路上无炎凉。

4.114

名心未化，对妻孥亦自矜庄；隐衷释然，即梦寐会成清楚。闻谤而怒者，谗之囮；见誉而喜者，佞之媒。

4.115

濡浊作画，正如隔帘看月，隔水看花，意在远近之间，亦文章法也。

4.116

藏锦于心，藏绣于口，藏珠玉于咳唾，藏珍奇于笔墨，得时则藏于册府，不得时则藏于名山。

4.117

读一篇轩快之书，宛见山青水白；听几句透彻之语，如看岳立川行。

4.118

读书如竹外溪流，洒然而往；咏诗如蘋末风起，勃焉而扬。子弟排场，有举止而谢飞扬，难博缠头之锦；主宾御席，务廉隅而少蕴藉，终成泥塑之人。

4.119

取凉于箑，不若清风之徐来；激水于槔，不若甘雨之时降。有快捷之才，而无所建用，势必乘愤激之处，一逞雄风；有纵横之论，而无所发明，势必乘簧鼓之场，一恣余力。

4.120

月榭凭栏，飞凌缥缈；云房启户，坐看氤氲。

4.121

发端无绪，归结还自支离；入门一差，进步终成恍惚。

4.122

李纳性辨急，酷尚弈棋，每下子，安详极于宽缓。有时躁怒，家人辈密以棋具陈于前，纳睹之便欣然改容，取子布算，都忘其恚。

4.123

竹里登楼，远窥韵士，聆其谈名理于坐上，而人我之相可忘；花间扫石，时候棋师，观其应危劫于枰间，而胜负之机早决。

4.124

六经为庖厨，百家为异馔，三坟为瑚琏，诸子为鼓吹；自奉得无大奢，请客未必能享。

4.125

说得一句好言，此怀庶几才好；揽了一分闲事，此身永不得闲。

4.126

古人特爱松风，庭院皆植松。每闻其响，欣然往其下，曰："此可浣尽十年尘胃。"

4.127

凡名易居，只有清名难居；凡福易享，只有清福难享。

4.128

贺兰山外虚兮怨，无定河边破镜愁。

4.129

有书癖而无剪裁，徒号书厨；惟名饮而少蕴藉，终非名饮。飞泉数点雨非雨，空翠几里山又山。

4.130

夜者日之余，雨者月之余，冬者岁之余。当此三余，人事稍疏，正可一意问学。

4.131

树影横床，诗思平凌枕上；云华满纸，字意隐跃行间。

4.132

耳目宽则天地窄，争务短则日月长。

4.133

秋老洞庭，霜清彭泽。

4.134

听静夜之钟声，唤醒梦中之梦；观澄潭之月影，窥见身外之身。

4.135

事有急之不白者，宽之或自明，毋躁急以速其忿；人有操之不从者，纵之或自化，毋操切以益其顽。

4.136

士君子贫不能济物者，遇人痴迷处，出一言提醒之，遇人急难处，出一言解救之，亦是无量功德。

4.137

处父兄骨肉之变，宜从容，不宜激烈；遇朋友交游之失，宜剀切，不宜优游。

4.138

问祖宗之德泽，吾身所享者是，当念其积累之难；问子孙之福祉，吾身所贻者是，要思其倾覆之易。

4.139

韶光去矣，叹眼前岁月无多，可惜年华如疾马；长啸归与，知身外功名是假，好将姓字任呼牛。

4.140

意摹古，先存古，未敢反古；心持世，外厌世，未能离世。

4.141

苦恼世上，度不尽许多痴迷汉，人对之肠热，我对之心冷；嗜欲场中，唤不醒许多伶俐人，人对之心冷，我对之肠热。

4.142

自古及今，山之胜多妙于天成，每坏于人造。

4.143

画家之妙，皆在运笔之先，运思之际，一经点染便减神机。长于笔者，文章即如言语；长于舌者，言语即成文章。昔人谓"丹青乃无言之诗，诗句乃有言之画"，余则欲丹青似诗，诗句无言，方许各臻妙境。

4.144

舞蝶游蜂，忙中之闲，闲中之忙；落花飞絮，景中之情，情中之景。

4.145

五夜鸡鸣，唤起窗前明月；一觉睡醒，看破梦里当年。

4.146

想到非非想，茫然天际白云；明至无无明，浑矣台中明月。

4.147

避暑深林，南风逗树；脱帽露顶，沉李浮瓜；火宅炎宫，莲花忽迸；较之陶潜卧北窗下，自称羲皇上人，此乐过半矣。

4.148

霜飞空而漫雾，雁照月而猜弦。

4.149

既景华而凋彩，亦密照而疏明。若春隰之扬花，似秋汉之含星。景澄则岩岫开镜，风生则芳树流芬。

4.150

类君子之有道，入暗室而不欺；同至人之无迹，怀明义以应时。一翻一覆兮如掌，一死一生兮若轮。

卷
五
素

袁石公云："长安风雪夜，古庙冷铺中，乞儿
丐僧，齁齁如雷吼；而白髭老贵人，拥锦下帷，
求一合眼不得。"呜呼！松间明月，槛外青山，未
尝拒人，而人自拒者何哉？集素第五。

5.001

田园有真乐，不潇洒终为忙人；诵读有真趣，不玩味终为鄙夫；山水有真赏，不领会终为漫游；吟咏有真得，不解脱终为套语。

5.002

居处寄吾生，但得其地，不在高广；衣服被吾体，但顺其时，不在纨绮；饮食充吾腹，但适其可，不在膏粱；宴乐修吾好，但致其诚，不在浮靡。

5.003

披卷有余闲，留客坐残良夜月；褰帷无别务，呼童耕破远山云。

5.004

琴觞自对，麇豕为群；任彼世态之炎凉，从他人情之反复。家居苦事物之扰，惟田舍园亭，别是一番活计；焚香煮茗，把酒吟诗，不许胸中生冰炭。

5.005

客寓多风雨之怀，独禅林道院，转添几种生机；染翰挥毫，翻经问偈，肯教眼底逐风尘。茅斋独坐茶频煮，七碗后，气爽神清；竹榻斜眠书漫抛，一枕余，心闲梦稳。

5.006

带雨有时种竹，关门无事锄花；拈笔闲删旧句，汲泉几试新茶。

5.007

余尝净一室，置一几，陈几种快意书，放一本旧法帖，古鼎焚香，素麈挥尘。意思小倦，暂休竹榻。饷时而起，则啜苦茗。信手写汉书几行，随意观古画数幅。心目间，觉洒空灵，面上尘，当亦扑去三寸。

5.008

但看花开落，不言人是非。

5.009

莫恋浮名，梦幻泡影有限；且寻乐事，风花雪月无穷。

5.010

白云在天，明月在地；焚香煮茗，阅偈翻经；俗念都捐，尘心顿洗。

5.011

暑中尝嘿坐，澄心闭目，作水观久之，觉肌发洒洒，几阁间似有凉气飞来。

5.012

胸中只摆脱一"恋"字，便十分爽净，十分自在；人生最苦处，只是此心，沾泥带水，明是知得，不能割断耳。

5.013

无事以当贵，早寝以当富，缓步以当车，晚食以当肉，此巧于处贫者。

5.014

三月茶笋初肥，梅风未困；九月莼鲈正美，秫酒新香；胜友晴窗，出古人法书名画，焚香评赏，无过此时。

5.015

高枕丘中，逃名世外，耕稼以输王税，采樵以奉亲颜。新谷既升，田家大洽，肥羜烹以享神，枯鱼燔而召友。蓑笠在户，桔槔空悬，浊酒相命，击缶长歌，野人之乐足矣。

5.016

为市井草莽之臣，早输国课；作泉石烟霞之主，日远俗情。覆雨翻云何险也，论人情，只合杜门；吟风弄月忽颓然，全天真，且须对酒。

5.017

春初玉树参差，冰花错落，琼台奇望，恍坐玄圃，罗浮若非；黄昏月下，携琴吟赏，杯酒留连，则暗香浮动，疏影横斜之趣，何能有实际。

5.018

性不堪虚，天渊亦受鸢鱼之扰；心能会境，风尘还结烟霞之娱。

5.019

身外有身，捉麈尾矢口闲谈，真如画饼；窍中有窍，向蒲团问心究竟，方是力田。

5.020

山中有三乐：薜荔可衣，不羡绣裳；蕨薇可食，不贪粱肉；箕踞散发，可以逍遥。

5.021

终南当户，鸡峰如碧笋左簇，退食时秀色纷纷堕盘，山泉绕窗入厨，孤枕梦回，惊闻雨声也。

5.022

世上有一种痴人，所食闲茶冷饭，何名高致？

5.023

桑林麦陇，高下竞秀；风摇碧浪层层，雨过绿云绕绕。雉雏春阳，鸠呼朝雨，竹篱茅舍，间以红桃白李，燕紫莺黄，寓目色相，自多村家闲逸之想，令人便忘艳俗。

5.024

云生满谷，月照长空，洗足收衣，正是宴安时节。

5.025

眉公居山中，有客问山中何景最奇，曰："雨后露前，花朝雪夜。"又问何事最奇，曰："钓因鹤守，果遣猿收。"

5.026

古今我爱陶元亮，乡里人称马少游。

5.027

嗜酒好睡，往往闭门；俯仰进趋，随意所在。

5.028

霜水澄定，凡悬崖峭壁，古木垂萝，与片云纤月，一山映在波中，策杖临之，心境俱清绝。

5.029

亲不抬饭，虽大宾不宰牲，匪直戒奢侈而可久，亦将免烦劳以安身。

5.030

饥生阳火炼阴精，食饱伤神气不升。

5.031

心苟无事，则息自调；念苟无欲，则中自守。

5.032

文章之妙：语快令人舞，语悲令人泣，语幽令人冷，语怜令人惜，语险令人危，语慎令人密，语怒令人按剑，语激令人投笔，语高令人入云，语低令人下石。

5.033

溪响松声，清听自远；竹冠兰佩，物色俱闲。

5.034

鄙吝一销，白云亦可赠客；渣滓尽化，明月自来照人。

5.035

存心有意无意之妙，微云淡河汉；应世不即不离之法，疏雨滴梧桐。

5.036

肝胆相照，欲与天下共分秋月；意气相许，欲与天下共坐春风。

5.037

堂中设木榻四，素屏二，古琴一张，儒道佛书各数卷。乐天既来为主，仰观山，俯听水，旁睨竹树云石，自辰至酉，应接不暇。俄而物诱气和，外适内舒，一宿体宁，再宿心恬，三宿后，颓然嗒然，不知其然而然。

5.038

偶坐蒲团，纸窗上月光渐满，树影参差，所见非色非空，此时虽名衲敲门，山童且勿报也。

5.039

会心处不必在远。翳然林水，便自有濠濮间想。不觉鸟兽禽鱼，自来亲人。

5.040

茶欲白，墨欲黑；茶欲重，墨欲轻；茶欲新，墨欲旧。

5.041

馥喷五木之香，色冷冰蚕之锦。

5.042

筑风台以思避，构仙阁而入圆。

5.043

客过草堂问："何感慨而甘栖遁？"余倦于对，但拈古句答曰："得闲多事外，知足少年中。"问："是何功课？"曰："种花春扫雪，看篆夜焚香。"问："是何利养？"曰："砚田无恶岁，酒国有长春。"问："是何还往？"曰："有客来相访，通名是伏羲。"

5.044

山居胜于城市，盖有八德：不责苛礼，不见生客，不混酒肉，不竞田产，不闻炎凉，不闹曲直，不征文逋，不谈士籍。

5.045

采茶欲精，藏茶欲燥，烹茶欲洁。

5.046

茶见日而味夺，墨见日而色灰。

5.047

磨墨如病儿，把笔如壮夫。

5.048

园中不能办奇花异石，惟一片树阴，半庭藓迹，差可会心忘形。友来，或促膝剧论，或鼓掌欢笑，或彼谈我听，或彼默我喧，而宾主两忘。

5.049

尘缘割断，烦恼从何处安身；世虑潜消，清虚向此中立脚。檐前绿蕉黄葵，老少叶，鸡冠花，布满阶砌。移榻对之，或枕石高眠，或捉尘清话。门外车马之尘滚滚，了不相关。

5.050

夜寒坐小室中，拥炉闲话。渴则敲冰煮茗，饥则拨火煨芋。阿衡五就，哪如莘野躬耕；诸葛七擒，争似南阳抱膝。

5.051

饭后黑甜，日中薄醉，别是洞天；茶铛酒臼，轻案绳床，寻常福地。

5.052

翠竹碧梧，高僧对弈；苍苔红叶，童子煎茶。

5.053

久坐神疲，焚香仰卧；偶得佳句，即令毛颖君就枕掌记，不则展转失去。

5.054

和雪嚼梅花，羡道人之铁脚；烧丹染香履，称先生之醉吟。

5.055

灯下玩花，帘内看月，雨后观景，醉里题诗，梦中闻书声，皆有别趣。

5.056

王思远扫客坐留，不若杜门；孙仲益浮白俗谈，足当洗耳。铁笛吹残，长啸数声，空山答响；胡麻饭罢，高眠一觉，茂树屯阴。

5.057

编茅为屋，叠石为阶，何处风尘可到？据梧而吟，烹茶而话，此中幽兴偏长。

5.058

皂囊白简，被人描尽半生；黄帽青鞋，任我逍遥一世。

5.059

清闲之人，不可惰其四肢，又须以闲人做闲事：临古人帖，温昔年书；拂几微尘，洗砚宿墨；灌园中花，扫林中叶。觉体少倦，放身匡床上，暂息半晌，可也。

5.060

待客当洁不当侈，无论不能继，亦非所以惜福。

5.061

葆真莫如少思，寡过莫如省事；善应莫如收心，解醪莫如澹志。

5.062

世味浓，不求忙而忙自至；世味淡，不偷闲而闲自来。

5.063

盘餐一菜，永绝腥膻，饭僧宴客，何烦六甲行厨？茅屋三楹，仅蔽风雨，扫地焚香，安用数童缚帚？

5.064

以俭胜贫，贫忘；以施代侈，侈化；以省去累，累消；以逆炼心，心定。

5.065

净几明窗，一轴画，一囊琴，一只鹤，一瓯茶，一炉香，一部法帖；小园幽径，几丛花，几群鸟，几区亭，几拳石，几池水，几片闲云。

5.066

花前无烛，松叶堪焚；石畔欲眠，琴囊可枕。

5.067

流年不复记，但见花开为春，花落为秋；终岁无所营，惟知日出而作，日入而息。

5.068

脱巾露顶，斑文竹箨之冠；倚枕焚香，半臂华山之服。

5.069

谷雨前后，为和凝汤社，双井白芽，湖州紫笋，扫臼涤铛，征泉选火。以王濛为品司，卢仝为执权，李赞皇为博士，陆鸿渐为都统。聊消渴吻，敢讳水淫，差取婴汤，以供茗战。

5.070

窗前落月，户外垂萝，石畔草根，桥头树影，可立可卧，可坐可吟。

5.071

亵狎易契，日流于放荡；庄厉难亲，日进于规矩。

5.072

甜苦备尝好丢手，世味浑如嚼蜡；生死事大急回头，年光疾于跳丸。

5.073

若富贵，由我力取，则造物无权；若毁誉，随人脚根，则谗夫得志。

5.074

清事不可着迹。若衣冠必求奇古，器用必求精良，饮食必求异巧，此乃清中之浊，吾以为清事之一蠹。

5.075

吾之一身，常有少不同壮，壮不同老；吾之身后，焉有子能肖父，孙能肖祖？如此期，必属妄想，所可尽者，惟留好样与儿孙而已。

5.076

若想钱而钱来，何故不想？若愁米而米至，人固当愁。晓起依旧贫穷，夜来徒多烦恼。

5.077

半窗一几，远兴闲思，天地何其寥阔也；清晨端起，亭午高眠，胸襟何其洗涤也。

5.078

行合道义，不卜自吉；行悖道义，纵卜亦凶。人当自卜，不必问卜。

5.079

奔走于权幸之门，自视不胜其荣，人窃以为辱；经营于利名之场，操心不胜其苦，己反以为乐。

5.080

宇宙以来有治世法，有傲世法，有维世法，有出世法，有垂世法。唐虞垂衣，商周秉钺，是谓治世；巢父洗耳，裘公瞑目，是谓傲世；首阳轻周，桐江重汉，是谓维世；青牛度关，白鹤翔云，是谓出世；若乃鲁儒一人，邹传七篇，始为垂世。

5.081

室中修行法：心闲手懒，则观法帖，以其逐字放置也；手闲心懒，则治迂事，以其可作可止也；心手俱闲，则写字作诗文，以其可以兼济也；心手俱懒，则坐睡，以其不强役于神也；心不甚定，宜看诗及杂短故事，以其易于见意不滞于久也；心闲无事，宜看长篇文字，或经注，或史传，或古人文集，此又甚宜风雨之际及寒夜也。又曰："手冗心闲则思，心冗手闲则卧，心手俱闲，则著作书字；心手俱冗，则思早毕其事，以宁吾神。"

5.082

片时清畅，即享片时；半景幽雅，即娱半景；不必更起姑待之心。

5.083

一室经行，贤于九衢奔走；六时礼佛，清于五夜朝天。

5.084

会意不求多，数幅晴光摩诘画；知心能有几？百篇野趣少陵诗。

5.085

醇醪百斛，不如一味太和之汤；良药千包，不如一服清凉之散。

5.086

闲暇时，取古人快意文章，朗朗读之，则心神超逸，须眉开张。

5.087

修净土者，自净其心，方寸居然莲界；学禅坐者，达禅之理，大地尽作蒲团。

5.088

衡门之下，有琴有书，载弹载咏，爰得我娱。岂无他好？乐是幽居。

5.089

朝为灌园，夕偃蓬庐。

5.090

因葺旧庐，疏渠引泉，周以花木，日哦其间。故人过逢，瀹茗弈棋，杯酒淋浪，殆非尘中有也。

5.091

逢人不说人间事，便是人间无事人。

5.092

闲居之趣，快活有五：不与交接，免拜送之礼，一也；终日观书鼓琴，二也；睡起随意，无有拘碍，三也；不闻炎凉嚣杂，四也；能课子耕读，五也。

5.093

虽无丝竹管弦之盛，一觞一咏，亦足以畅叙幽情。

5.094

独卧林泉，旷然自适，无利无营，少思寡欲，修身出世法也。

5.095

茅屋三间，木榻一枕。烧清香，啜苦茗，读数行书，懒倦便高卧松梧之下，或科头行吟。日常以苦茗代肉食，以松石代珍奇，以琴书代益友，以著述代功业，此亦乐事。

5.096

挟怀朴素，不乐权荣；栖迟僻陋，忽略利名；葆守恬淡，希时安宁；晏然闲居，时抚瑶琴。

5.097

人生自古七十少，前除幼年后除老。中间光景不多时，又有阴晴与烦恼。到了中秋月倍明，到了清明花更好。花前月下得高歌，急须漫把金樽倒。世上财多赚不尽，朝里官多做不了。官大钱多身转劳，落得自家头白早。请君细看眼前人，年年一分埋青草。草里多多少少坟，一年一半无人扫。

5.098

饥乃加餐，菜食美于珍味；倦然后睡，草蓐胜似重裀。

5.099

流水相忘游鱼，游鱼相忘流水，即此便是天机；太空不碍浮云，浮云不碍太空，何处别有佛性？

5.100

丹山碧水之乡，月涧云龛之品，涤烦消渴，功诚不在芝木下。

5.101

颇怀古人之风，愧无素屏之赐，则青山白云，何在非我枕屏？

5.102

江山风月，本无常主，闲者便是主人。

5.103

入室许清风，对饮惟明月。

5.104

被衲持钵，作发僧行径，以鸡鸣当檀越，以枯管当筇杖，以饭颗当祇园，以岩云野鹤当伴侣，以背锦奚奴当行脚头陀，往探六六奇峰，三三曲水。

5.105

山房置一钟，每于清晨良宵之下，用以节歌，令人朝夕清心，动念和平。李秃谓："有杂想，一击遂忘；有愁思，一撞遂扫。"知音哉！

5.106

潭涧之间，清流注泻，千岩竞秀，万壑争流，却自胸无宿物，漱清流，令人濯濯清虚，日来非惟使人情开涤，可谓一往有深情。

5.107

　　林泉之浒，风飘万点，清露晨流，新桐初引，萧然无事，闲扫落花，足散人怀。

5.108

　　浮云出岫，绝壁天悬，日月清朗，不无微云点缀。看云飞，轩轩霞举，踞胡床，与友人咏谑，不复滓秽太清。

5.109

　　山房之磬，虽非绿玉，沉明轻清之韵，尽可节清歌洗俗耳。山居之乐，颇惬冷趣：煨落叶为红炉，况负暄于岩户。土鼓催梅，荻灰暖地；虽潜凛以萧索，见素柯之凌岁。同云不流，舞雪如醉；野因旷而冷舒，山以静而不晦。枯鱼在悬，浊酒已注，朋徒我从，寒盟可固，不惊岁暮于天涯，即是挟纩于孤屿。

5.110

步障锦千层，氍毹紫万叠。何似编叶成帏，聚茵为褥？绿阴流影清入神，香气氤氲彻人骨，坐来天地一时宽，闲放风流晓清福。

5.111

送春而血泪满腮，悲秋而红颜惨目。

5.112

翠羽欲流，碧云为飐。

5.113

郊中野坐，固可班荆；径里闲谈，最宜拂石。侵云烟而独冷，移开清啸胡床；藉草木以成幽，撤去庄严莲界。况乃枕琴夜奏，逸韵更扬；置局午敲，清声甚远；洵幽栖之胜事，野客之虚位也。

5.114

饮酒不可认真，认真则大醉，大醉则神魂昏乱。在书为沉湎，在诗为童羖，在礼为豢豕，在史为狂药。何如但取半酣，与风月为侣？

5.115

家鸳鸯湖滨，饶蒹葭凫鹥，水月澹荡之观。客啸渔歌，风帆烟艇，虚无出没，半落几上。呼野衲而泛斜阳，无过此矣！

5.116

雨后卷帘看霁色，却疑苔影上花来。

5.117

月夜焚香，古桐三弄，便觉万虑都忘，妄想尽绝。试看香是何味？烟是何色？穿窗之白是何影？指下之余是何音？恬然乐之而悠然忘之者，是何趣？不可思量处，是何境？

5.118

贝叶之歌无碍，莲花之心不染。

5.119

河边共指星为客，花里空瞻月是卿。

5.120

人之交友，不出"趣、味"两字，有以趣胜者，有以味胜者。然宁饶于味，而无饶于趣。

5.121

守恬淡以养道，处卑下以养德，去嗔怒以养性，薄滋味以养气。

5.122

吾本薄福人，宜行惜福事；吾本薄德人，宜行厚德事。

5.123

知天地皆逆旅，不必更求顺境；视众生皆眷属，所以转成冤家。

5.124

只宜于着意处写意，不可向真景处点景。

5.125

只愁名字有人知，涧边幽草；若问清盟谁可托，沙上闲鸥。山童率草木之性，与鹤同眠；奚奴领歌咏之情，检韵而至。闭户读书，绝胜入山修道；逢人说法，全输兀坐扪心。

5.126

砚田登大有，虽千仓珠粟，不输两税之征；文锦运机杼，纵万轴龙文，不犯九重之禁。

5.127

步明月于天衢，览锦云于江阁。

5.128

幽人清课，讵但啜茗焚香？雅士高盟，不在题诗挥翰。

5.129

以养花之情自养，则风情日闲；以调鹤之性自调，则真性自美。

5.130

热肠如沸，茶不胜酒；幽韵如云，酒不胜茶。茶类隐，酒类侠。酒固道广，茶亦德素。

5.131

老去自觉万缘都尽，哪管人是人非？春来倘有一事关心，只在花开花谢。

5.132

是非场里，出入逍遥；顺逆境中，纵横自在。竹密何妨水过，山高不碍云飞。

5.133

口中不设雌黄，眉端不挂烦恼，可称烟火神仙；随意而栽花柳，适性以养禽鱼，此是山林经济。

5.134

午睡醒来，颓然自废，身世庶几浑忘；晚炊既收，寂然无营，烟火听其更举。

5.135

花开花落春不管，拂意事休对人言；水暖水寒鱼自知，会心处还期独赏。

5.136

心地上无风涛，随在皆青山绿水；性天中有化育，触处见鱼跃鸢飞。

5.137

宠辱不惊，闲看庭前花开花落；去留无意，漫随天外云卷云舒。斗室中万虑都捐，说甚画栋飞云，珠帘卷雨；三杯后一真自得，谁知素弦横月，短笛吟风。

5.138

得趣不在多，盆池拳石间，烟霞具足；会景不在远，蓬窗竹屋下，风月自赊。

5.139

会得个中趣，五湖之烟月尽入寸衷；破得眼前机，千古之英雄都归掌握。

5.140

细雨闲开卷，微风独弄琴。

5.141

水流任意景常静，花落虽频心自闲。

5.142

残曛供白醉，傲他附热之蛾；一枕余黑甜，输却分香之蝶。闲为水竹云山主，静得风花雪月权。

5.143

半幅花笺入手，剪裁就腊雪春冰；一条竹杖随身，收拾尽燕云楚水。

5.144

心与竹俱空，问是非何处安觉；貌偕松共瘦，知忧喜无由上眉。

5.145

芳菲林圃看蜂忙，觑破几多尘情世态；寂寞衡茅观燕寝，发起一种冷趣幽思。

5.146

何地非真境？何物非真机？芳园半亩，便是旧金谷；流水一湾，便是小桃源。林中野鸟数声，便是一部清鼓吹；溪上闲云几片，便是一幅真画图。

5.147

人在病中，百念灰冷，虽有富贵，欲享不可，反羡贫贱而健者。是故人能于无事时常作病想，一切名利之心，自然扫去。

5.148

竹影入帘，蕉阴荫槛，故蒲团一卧，不知身在冰壶鲛室。

5.149

万壑松涛，乔柯飞颖，风来鼓飔，谡谡有秋江八月声，迢递幽岩之下，披襟当之，不知是羲皇上人。

5.150

霜降木落时，入疏林深处，坐树根上，飘飘叶点衣袖，而野鸟从梢飞来窥人。荒凉之地，殊有清旷之致。

5.151

明窗之下，罗列图史琴尊以自娱。有兴则泛小舟，吟啸览古于江山之间。渚茶野酿，足以消忧；莼鲈稻蟹，足以适口。又多高僧隐士，佛庙绝胜。家有园林，珍花奇石，曲沼高台，鱼鸟流连，不觉日暮。

5.152

山中莳花种草，足以自娱，而地朴人荒，泉石都无，丝竹绝响，奇士雅客亦不复过，未免寂寞度日。然泉石以水竹代，丝竹以莺舌蛙吹代，奇士雅客以蠹简代，亦略相当。

5.153

闲中觅伴书为上，身外无求睡最安。

5.154

栽花种竹，未必果出闲人；对酒当歌，难道便称侠士？

5.155

虚堂留烛，抄书尚存老眼；有客到门，挥麈但说青山。

5.156

千人亦见，百人亦见，斯为拔萃出类之英雄；三日不举火，十年不制衣，殆是乐道安贫之贤士。

5.157

帝子之望巫阳，远山过雨；王孙之别南浦，芳草连天。

5.158

室距桃源，晨夕恒滋兰茝；门开杜径，往来唯有羊裘。

5.159

枕长林而披史，松子为餐；入丰草以投闲，蒲根可服。

5.160

一泓溪水柳分开，尽道清虚搅破；三月林光花带去，莫言香分消残。

5.161

荆扉昼掩，闲庭宴然，行云流水襟怀；隐不违亲，贞不绝俗，太山乔岳气象。

5.162

窗前独榻频移，为亲夜月；壁上一琴常挂，时拂天风。

5.163

萧斋香炉书史，酒器俱捐；北窗石枕松风，茶铛将沸。

5.164

明月可人，清风披坐，班荆问水，天涯韵士高人，下箸佐觞，品外涧毛溪薇，主之荣也。高轩塞户，肥马嘶门，命酒呼茶，声势惊神震鬼，叠筵累几，珍奇罄地穷天，客之辱也。

5.165

贺函伯坐径山竹里，须眉皆碧；王长公龛杜鹃楼下，云母都红。

5.166

坐茂树以终日，濯清流以自洁。采于山，美可茹；钓于水，鲜可食。

5.167

年年落第，春风徒泣于迁莺；处处羁游，夜雨空悲于断雁。金壶霏润，瑶管春容。

5.168

菜甲初长，过于酥酪。寒雨之夕，呼童摘取，佐酒夜谈，嗅其清馥之气，可涤胸中柴棘，何必纯灰三斛？

5.169

暖风春座酒，细雨夜窗棋。

5.170

秋冬之交，夜静独坐，每闻风雨潇潇，既凄然可愁，亦复悠然可喜。至酒醒灯昏之际，尤难为怀。长亭烟柳，白发犹劳，奔走可怜名利客；野店溪云，红尘不到，逍遥时有牧樵人。天之赋命实同，人之自取则异。

5.171

富贵大是能俗人之物，使吾辈当之，自可不俗；然有此不俗胸襟，自可不富贵矣。

5.172

风起思莼，张季鹰之胸怀落落；春回到柳，陶渊明之兴致翩翩。然此二人，薄宦投簪，吾犹嗟其太晚。

5.173

黄花红树，春不如秋；白雪青松，冬亦胜夏。春夏园林，秋冬山谷。一心无累，四季良辰。

5.174

听牧唱樵歌，洗尽五年尘土肠胃；奏繁弦急管，何如一派山水清音？

5.175

孑然一身，萧然四壁，有识者当此，虽未免以冷淡成愁，断不以寂寞生悔。

5.176

从五更枕席上参看心体，心未动，情未萌，才见本来面目；向三时饮食中谙练世味，浓不欣，淡不厌，方为切实功夫。

5.177

瓦枕石榻，得趣处，下界有仙；木食草衣，随缘时，西方无佛。

5.178

当乐境而不能享者，毕竟是薄福之人；当苦境而反觉甘者，方才是真修之士。

5.179

半轮新月数竿竹，千卷藏书一盏茶。

5.180

偶向水村江郭，放不系之舟；还从沙岸草桥，吹无孔之笛。

5.181

物情以常无事为欢颜，世态以善托故为巧术。

5.182

善救时，若和风之消酷暑；能脱俗，似淡月之映轻云。

5.183

廉所以惩贪，我果不贪，何必标一廉名，以来贪夫之侧目；让所以息争，我果不争，又何必立一让名，以致暴客之弯弓？

5.184

曲高每生寡和之嫌，歌唱须求同调；眉修多取入宫之妒，梳洗切莫倾城。

5.185

随缘便是遣缘，似舞蝶与飞花共适；顺事自然无事，若满月偕盆水同圆。

5.186

耳根似飙谷投响，过而不留，则是非俱谢；心境如月池浸色，空而不着，则物我两忘。

5.187

心事无不可对人语，则梦寐俱清；行事无不可使人见，则饮食俱稳。

卷六　景

　　结庐松竹之间，闲云封户；徙倚青林之下，花瓣沾衣。芳草盈阶，茶烟几缕；春光满眼，黄鸟一声。此时可以诗，可以画，而正恐诗不尽言，画不尽意。而高人韵士，能以片言数语尽之者，则谓之诗可，谓之画可，则谓高人韵士之诗画亦无不可。集景第六。

6.001

花关曲折，云来不认湾头；草径幽深，落叶但敲门扇。

6.002

细草微风，两岸晚山迎短棹；垂杨残月，一江春水送行舟。

6.003

草色伴河桥，锦缆晓牵三竺雨；花阴连野寺，布帆晴挂六桥烟。

6.004

闲步畎亩间，垂柳飘风，新秧翻浪，耕夫荷农器，长歌相应，牧童稚子，倒骑牛背，短笛无腔，吹之不休，大有野趣。

6.005

夜阑人静，携一童立于清溪之畔，孤鹤忽唳，鱼跃有声，清入肌骨。

6.006

垂柳小桥，纸窗竹屋，焚香燕坐，手握道书一卷，客来则寻常茶具，本色清言，日暮乃归，不知马蹄为何物。

6.007

门内有径，径欲曲；径转有屏，屏欲小；屏进有阶，阶欲平；阶畔有花，花欲鲜；花外有墙，墙欲低；墙内有松，松欲古；松底有石，石欲怪；石面有亭，亭欲朴；亭后有竹，竹欲疏；竹尽有室，室欲幽；室旁有路，路欲分；路合有桥，桥欲危；桥边有树，树欲高；树阴有草，草欲青；草上有渠，渠欲细；渠引有泉，泉欲瀑；泉去有山，山欲深；山下有屋，屋欲方；屋角有圃，圃欲宽；圃中有鹤，鹤欲舞；鹤报有客，客不俗；客至有酒，酒欲不却；酒行有醉，醉欲不归。

6.008

清晨林鸟争鸣，唤醒一枕春梦。独黄鹂百舌，抑扬高下，最可人意。

6.009

高峰入云，清流见底。两岸石壁，五色交辉，青林翠竹，四时俱备，晓雾将歇，猿鸟乱鸣；日夕欲颓，池鳞竞跃，实欲界之仙都。自康乐以来，未有能与其奇者。

6.010

曲径烟深，路接杏花酒舍；澄江日落，门通杨柳渔家。

6.011

长松怪石，去墟落不下一二十里。鸟径缘崖，涉水于草莽间数四。左右两三家相望，鸡犬之声相闻。竹篱草舍，燕处其间，兰菊艺之，霜月春风，日有余思。临水时种桃梅，儿童婢仆皆布衣短褐，以给薪水，酿村酒而饮之。案有诗书、《庄周》《太玄》《楚词》《黄庭》《阴符》《楞严》《圆觉》数十卷而已。杖藜蹑屐，往来穷川大谷，听流水，看激湍，鉴澄潭，步危桥，坐茂树，探幽壑，升高峰，不亦乐乎！

6.012

天气晴朗，步出南郊野寺，沽酒饮之。半醉半醒，携僧上雨花台，看长江一线，风帆摇曳，钟山紫气，掩映黄屋，景趣满前，应接不暇。

6.013

净扫一室，用博山炉爇沉水香，香烟缕缕，直透心窍，最令人精神凝聚。

6.014

每登高丘，步邃谷，延留燕坐，见悬崖瀑流，寿木垂萝，闳邃岑寂之处，终日忘返。

6.015

每遇胜日有好怀，袖手哦古人诗足矣。青山秀水，到眼即可舒啸，何必居篱落下，然后为己物？

6.016

柴门不扃，筠帘半卷，梁间紫燕，呢呢喃喃，飞出飞入。山人以啸咏佐之，皆各适其性。风晨月夕，客去后，蒲团可以双趺；烟岛云林，兴来时，竹杖何妨独往。

6.017

三径竹间，日华澹澹，固野客之良辰；一偏窗下，风雨潇潇，亦幽人之好景。

6.018

乔松十数株，修竹千余竿。青萝为墙垣，白石为鸟道。流水周于舍下，飞泉落于檐间。绿柳白莲，罗生池砌。时居其中，无不快心。

6.019

人冷因花寂，湖虚受雨喧。

6.020

有屋数间，有田数亩。用盆为池，以瓮为牖。墙高于肩，室大于斗。布被暖余，藜藿饱后。气吐胸中，充塞宇宙。笔落人间，辉映琼玖。人能知止，以退为茂。我自不出，何退之有？心无妄想，足无妄走，人无妄交，物无妄受。炎炎论之，甘处其陋。绰绰言之，无出其右。羲轩之书，未尝去手；尧舜之谈，未尝离口。谭中和天，同乐易友。吟自在诗，饮欢喜酒。百年升平，不为不偶，七十康强，不为不寿。

6.021

中庭蕙草销雪，小苑梨花梦云。

6.022

以江湖相期，烟霞相许；付同心之雅会，托意气之良游。或闭户读书，累月不出；或登山玩水，竟日忘归。斯贤达之素交，盖千秋之一遇。

6.023

荫映岩流之际，偃息琴书之侧。寄心松竹，取乐鱼鸟，则淡泊之愿，于是毕矣。

6.024

庭前幽花时发，披览既倦，每啜茗对之。香色撩人，吟思忽起，遂歌一古诗，以适清兴。

6.025

凡静室，须前栽碧梧，后种翠竹，前檐放步，北用暗窗，春冬闭之，以避风雨，夏秋可开，以通凉爽。然碧梧之趣，春冬落叶，以舒负暄融和之乐；夏秋交荫，以蔽炎烁蒸烈之威。四时得宜，莫此为胜。

6.026

家有三亩园，花木郁郁。客来煮茗，谈上都贵游、人间可喜事，或茗寒酒冷，宾主相忘。其居与山谷相望，暇则步草径相寻。

6.027

良辰美景，春暖秋凉。负杖蹑履，逍遥自乐。临池观鱼，披林听鸟。酌酒一杯，弹琴一曲。求数刻之乐，庶几居常以待终。筑室数楹，编槿为篱，结茅为亭。以三亩荫竹树栽花果，二亩种蔬菜。四壁清旷，空诸所有。蓄山童灌园薙草，置二三胡床着亭下。挟书剑以伴孤寂，携琴奕以迟良友，此亦可以娱老。

6.028

一径阴开，势隐蛇蟺之致，云到成迷；半阁孤悬，影回缥缈之观，星临可摘。

6.029

几分春色，全凭狂花疏柳安排；一派秋容，总是红蓼白蘋妆点。

6.030

南湖水落，妆台之明月犹悬；西郭烟销，绣榻之彩云不散。秋竹沙中淡，寒山寺里深。

6.031

野旷天低树，江清月近人。

6.032

潭水寒生月，松风夜带秋。

6.033

春山艳冶如笑，夏山苍翠如滴，秋山明净如妆，冬山惨淡如睡。

6.034

眇眇乎春山，澹冶而欲笑；翔翔乎空丝，绰约而自飞。

6.035

盛暑持蒲，榻铺竹下，卧读《骚》经，树影筛风，浓阴蔽日，丛竹蝉声，远远相续，蘧然入梦。醒来命取楖栭发，汲石涧流泉，烹云芽一啜，觉两腋生风。徐步草玄亭，芰荷出水，风送清香，鱼戏冷泉，凌波跳掷。因涉东皋之上，四望溪山罨画，平野苍翠。激气发于林瀑，好风送之水涯，手挥麈尾，清兴洒然。不待法雨凉雪，使人火宅之念都冷。

6.036

山曲小房，入园窈窕幽径，绿玉万竿。中汇涧水为曲池，环池竹树云石，其后平冈逶迤，古松鳞鬣，松下皆灌丛杂木，茑萝骈织，亭榭翼然。夜半鹤唳清远，恍如宿花坞；间闻哀猿啼啸，嘹呖惊霜，初不辨其为城市为山林也。

6.037

一抹万家，烟横树色，翠树欲流，浅深间布，心目竞观，神情爽涤。

6.038

万里澄空，千峰开霁，山色如黛，风气如秋，浓阴如幕，烟光如缕，笛响如鹤唳，经飔如咿唔，温言如春絮，冷语如寒冰，此景不应虚掷。

6.039

山房置古琴一张，质虽非紫琼绿玉，响不在焦尾号钟，置之石床，快作数弄。深山无人，水流花开，清绝冷绝。

6.040

密竹轶云，长林蔽日，浅翠娇青，笼烟惹湿，构数橼其间，竹树为篱，不复葺垣。中有一泓流水，清可漱齿，曲可流觞，放歌其间，离披蒨郁，神涤意闲。

6.041

抱影寒窗，霜夜不寐，徘徊松竹下。四山月白，露坠冰柯，相与咏李白《静夜思》，便觉冷然寒风，就寝。复坐蒲团，从松端看月，煮茗佐谈，竟此夜乐。

6.042

云晴叆叇，石楚流滋，狂飙忽卷，珠雨淋漓。黄昏孤灯明灭，山房清旷，意自悠然。夜半松涛惊飓，蕉园鸣琅，窾坎之声，疏密间发，愁乐交集，足写幽怀。

6.043

四林皆雪，登眺时见。絮起风中，千峰堆玉；鸦翻城角，万壑铺银。无树飘花，片片绘子瞻之壁；不妆散粉，点点糁原宪之羹。飞霰入林，回风折竹，徘徊凝览，以发奇思。画冒雪出云之势，呼松醪茗饮之景，拥炉煨芋，欣然一饱，随作雪景一幅，以寄僧赏。

6.044

孤帆落照中，见青山映带，征鸿回渚，争栖竞啄，宿水鸣云，声凄夜月，秋飙萧瑟，听之黯然，遂使一夜西风，寒生露白。万山深处，一泓涧水，四周削壁，石磴崭岩，丛木蓊郁，老猿穴其中，古松屈曲，高拂云颠，鹤来时栖其顶。每晴初霜旦，林寒涧肃，高猿长啸，属引凄异，风声鹤唳，嘹呖惊霜，闻之令人凄绝。

6.045

春雨初霁，园林如洗，开扉闲望，见绿畴麦浪层层，与湖头烟水相映带，一派苍翠之色，或从树杪流来，或自溪边吐出。支筇散步，觉数十年尘土肺肠，俱为洗净。

6.046

四月有新笋、新茶、新寒豆、新含桃，绿阴一片，黄鸟数声，乍晴乍雨，不暖不寒，坐间非雅非俗，半醉半醒，尔时如从鹤背飞下耳。

6.047

名从刻竹，源分渭亩之云；倦以据梧，清梦郁林之石。

6.048

夕阳林际，蕉叶堕而鹿眠；点雪炉头，茶烟飘而鹤避。

6.049

高堂客散，虚户风来，门设不关，帘钩欲下。横轩有狻猊之鼎，隐几皆龙马之文，流览云端，寓观濠上。

6.050

山经秋而转澹，秋入山而倍清。

6.051

山居有四法：树无行次，石无位置，屋无宏肆，心无机事。

6.052

花有喜、怒、寤、寐、晓、夕，浴花者得其候，乃为膏雨。淡云薄日，夕阳佳月，花之晓也；狂号连雨，烈焰浓寒，花之夕也；檀唇烘日，媚体藏风，花之喜也；晕酣神敛，烟色迷离，花之愁也；欹枝困槛，如不胜风，花之梦也；嫣然流盼，光华溢目，花之醒也。

6.053

海山微茫而隐见，江山严厉而峭卓，溪山窈窕而幽深，塞山童巅而堆阜，桂林之山绵衍庞博，江南之山峻峭巧丽。山之形色，不同如此。

6.054

杜门避影出山，一事不到，梦寐间春昼花阴，猿鹤饱卧，亦五云之余荫。

6.055

白云徘徊，终日不去。岩泉一支，潺湲斋中。春之昼，秋之夕，既清且幽，大得隐者之乐，惟恐一日移去。

6.056

与衲子辈坐林石上，谈因果，说公案。久之，松际月来，振衣而起，踏树影而归，此日便非虚度。

6.057

结庐人境，植杖山阿，林壑地之所丰，烟霞性之所适，荫丹桂，藉白茅，浊酒一杯，清琴数弄，诚足乐也。

6.058

辋水沦涟，与月上下；寒山远火，明灭林外，深巷小犬，吠声如豹。村虚夜春，复与疏钟相间，此时独坐，童仆静默。

6.059

东风开柳眼，黄鸟骂桃奴。

6.060

晴雪长松，开窗独坐，恍如身在冰壶；斜阳芳草，携杖闲吟，信是人行图画。

6.061

小窗下修篁萧瑟，野鸟悲啼；峭壁间醉墨淋漓，山灵呵护。霜林之红树，秋水之白蘋。

6.062

云收便悠然共游，雨滴便泠然俱清；鸟啼便欣然有会，花落便洒然有得。

6.063

千竿修竹，周遭半亩方塘；一片白云，遮蔽五株垂柳。

6.064

山馆秋深，野鹤唳残清夜月；江园春暮，杜鹃啼断落花风。青山非僧不致，绿水无舟更幽；朱门有客方尊，缁衣绝粮益韵。

6.065

杏花疏雨，杨柳轻风，兴到欣然独往；村落烟横，沙滩月印，歌残倏尔言旋。

6.066

赏花酣酒，酒浮园菊方三盏；睡醒问月，月到庭梧第二枝。此时此兴，亦复不浅。

6.067

几点飞鸦，归来绿树；一行征雁，界破青天。

6.068

看山雨后，霁色一新，便觉青山倍秀；玩月江中，波光千顷，顿令明月增辉。

6.069

楼台落日，山川出云。

6.070

玉树之长廊半阴，金陵之倒景犹赤。

6.071

小窗偃卧，月影到床，或逗留于梧桐，或摇乱于杨柳；翠华扑被，神骨俱仙。及从竹里流来，如自苍云吐出。

6.072

清送素蛾之环佩，逸移幽士之羽裳。想思足慰于故人，清啸自纡于良夜。

6.073

绘雪者，不能绘其清；绘月者，不能绘其明；绘花者，不能绘其香；绘风者，不能绘其声；绘人者，不能绘其情。

6.074

读书宜楼，其快有五：无剥啄之惊，一快也；可远眺，二快也；无湿气浸床，三快也；木末竹颠，与鸟交语，四快也；云霞宿高檐，五快也。

6.075

山径幽深，十里长松引路，不倩金张；俗态纠缠，一编残卷疗人，何须卢扁？

6.076

喜方外之浩荡，叹人间之窘束。逢阆苑之逸客，值蓬莱之故人。

6.077

忽据梧而策杖，亦披裘而负薪。

6.078

出芝田而计亩，入桃源而问津。菊花两岸，松声一丘。叶动猿来，花惊鸟去。阅丘壑之新趣，纵江湖之旧心。

6.079

篱边杖履送僧，花须列于巾角；石上壶觞坐客，松子落我衣裾。

6.080

远山宜秋，近山宜春，高山宜雪，平山宜月。

6.081

珠帘蔽月，翻窥窈窕之花；绮幔藏云，恐碍扶疏之柳。

6.082

松子为餐，蒲根可服。

6.083

烟霞润色，荃荑结芳。出涧幽而泉冽，入山户而松凉。

6.084

旭日始暖，蕙草可织；园桃红点，流水碧色。

6.085

玩飞花之度窗，看春风之入柳；命丽人于玉席，陈宝器于纨罗。忽翔飞而暂隐，时凌空而更飏。竹依窗而弄影，兰因风而送香。风暂下而将飘，烟才高而不瞑。

6.086

悠扬绿柳，讶合浦之同归；缭绕青霄，环五星之一气。

6.087

褥绣起于缇纺，烟霞生于灌莽。

卷
七
韵

　　人生斯世，不能读尽天下秘书灵笈。有目而
昧，有口而哑，有耳而聋，而面上三斗俗尘，何
时扫去？则韵之一字，其世人对症之药乎？虽然，
今世且有焚香啜茗，清凉在口，尘俗在心，俨然
自附于韵，亦何异三家村老妪，动口念阿弥，便
云升天成佛也？集韵第七。

7.001

陈慥家蓄数姬，每日晚藏花一枝，使诸姬射覆，中者留宿，时号"花媒"。

7.002

雪后寻梅，霜前访菊；雨际护兰，风外听竹。

7.003

清斋幽闭，时时暮雨打梨花；冷句忽来，字字秋风吹木叶。多方分别，是非之窦易开；一味圆融，人我之见不立。

7.004

春云宜山，夏云宜树，秋云宜水，冬云宜野。

7.005

清疏畅快，月色最称风光；潇洒风流，花情何如柳态？

7.006

春夜小窗兀坐，月上木兰有骨，凌冰怀人如玉。因想"雪满山中高士卧，月明林下美人来"语，此际光景颇似。文房供具，藉以快目适玩，铺叠如市，颇损雅趣，其点缀之法，罗罗清疏，方能得致。

7.007

香令人幽，酒令人远，茶令人爽，琴令人寂，棋令人闲，剑令人侠，杖令人轻，麈令人雅，月令人清，竹令人冷，花令人韵，石令人隽，雪令人旷，僧令人淡，蒲团令人野，美人令人怜，山水令人奇，书史令人博，金石鼎彝令人古。

7.008

吾斋之中，不尚虚礼。凡入此斋，均为知己。随分款留，忘形笑语。不言是非，不侈荣利。闲谈古今，静玩山水。清茶好酒，以适幽趣。臭味之交，如斯而已。

7.009

窗宜竹雨声，亭宜松风声，几宜洗砚声，榻宜翻书声，月宜琴声，雪宜茶声，春宜筝声，秋宜笛声，夜宜砧声。

7.010

鸡坛可以益学，鹤阵可以善兵。

7.011

翻经如壁观僧，饮酒如醉道士，横琴如黄葛野人，肃客如碧桃渔父。

7.012

竹径款扉，柳阴班席。每当雄才之处，明月停辉，浮云驻影。退而与诸俊髦西湖靓媚，赖此英雄，一洗粉泽。

7.013

云林性嗜茶，在惠山中，用核桃、松子肉和白糖成小块如石子，置茶中，出以啖客，名曰清泉白石。

7.014

有花皆刺眼，无月便攒眉，当场得无妒我；花归三寸管，月代五更灯，此事何可语人？

7.015

求校书于女史，论慷慨于青楼。

7.016

填不满贪海，攻不破疑城。

7.017

机息便有月到，风来不必苦海。人世心远，自无车尘马迹，何须痼疾丘山？

7.018

郊中野坐，固可班荆；径里闲谈，最宜拂石。侵云烟而独冷，移开清笑胡床，藉竹木以成幽，撤去庄严莲坐。

7.019

幽心人似梅花，韵心士同杨柳。

7.020

情因年少，酒因境多。

7.021

看书筑得村楼，空山曲抱；趺坐扫来花径，乱水斜穿。

7.022

倦时呼鹤舞，醉后倩僧扶。

7.023

笔床茶灶，不巾栉闭户潜夫；宝轴牙签，少须眉下帷董子。鸟衔幽梦远，只在数尺窗纱；蛩递秋声悄，无言一龛灯火。借草班荆，安稳林泉之窔；披裘拾穗，逍遥草泽之臞。

7.024

万绿阴中，小亭避暑；八闼洞开，几簟皆绿。雨过蝉声来，花气令人醉。

7.025

劙犀截雁之舌锋，逐日追风之脚力。

7.026

瘦影疏而漏月，香阴气而堕风。

7.027

修竹到门云里寺，流泉入袖水中人。

7.028

诗题半作逃禅偈，酒价都为买药钱。

7.209

扫石月盈帚，滤泉花满筛。

7.030

流水有方能出世，名山如药可轻身。

7.031

与梅同瘦，与竹同清，与柳同眠，与桃李同笑，居然花里神仙；与莺同声，与燕同语，与鹤同唳，与鹦鹉同言，如此话中知己。

7.032

栽花种竹，全凭诗格取裁；听鸟观鱼，要在酒情打点。

7.033

登山遇厉瘴，放艇遇腥风，抹竹遇缪丝，修花遇醒雾，欢场遇害马，吟席遇伧夫，若斯不遇，甚于泥途。偶集逢好花，踏歌逢明月，席地逢软草，攀磴逢疏藤，展卷逢静云，战茗逢新雨，如此相逢，逾于知己。

7.034

草色遍溪桥，醉得蜻蜓春翅软；花风通驿路，迷来蝴蝶晓魂香。

7.035

田舍儿强作馨语，博得俗因；风月场插入伧父，便成恶趣。诗瘦到门邻，病鹤清影颇嘉；书贫经座并，寒蝉雄风顿挫。梅花入夜影萧疏，顿令月瘦；柳絮当空晴恍忽，偏惹风狂。花阴流影，散为半院舞衣；水响飞音，听来一溪歌板。

7.036

萍花香里风清，几度渔歌；杨柳影中月冷，数声牛笛。

7.037

　　谢将缥缈无归处，断浦沉云；行到纷纭不系时，空山挂雨。浑如花醉，潦倒何妨？绝胜柳狂，风流自赏。

7.038

　　春光浓似酒，花故醉人；夜色澄如水，月来洗俗。

7.039

　　雨打梨花深闭门，怎生消遣？分忖梅花自主张，着甚牢骚？对酒当歌，四座好风随月到；脱巾露顶，一楼新雨带云来。浣花溪内，洗十年游子衣尘；修竹林中，定四海良朋交籍。人语亦语，诋其昧于钳口；人默亦默，訾其短于雌黄。

7.040

艳阳天气，是花皆堪酿酒；绿阴深处，凡叶尽可题诗。

7.041

曲沼荇香侵月，未许鱼窥；幽关松冷巢云，不劳鹤伴。

7.042

篇诗斗酒，何殊太白之丹丘；扣舷吹箫，好继东坡之赤壁。获佳文易，获文友难；获文友易，获文姬难。

7.043

茶中着料，碗中着果，譬如玉貌加脂，蛾眉着黛，翻累本色。煎茶非漫浪，要须人品与茶相得，故其法往往传于高流隐逸，有烟霞泉石磊落胸次者。

7.044

楼前桐叶，散为一院清阴；枕上鸟声，唤起半窗红日。

7.045

天然文锦，浪吹花港之鱼；自在笙簧，风戛园林之竹。

7.046

高士流连，花木添清疏之致；幽人剥啄，莓苔生淡冶之光。

7.047

松涧边携杖独往，立处云生破衲；竹窗下枕书高卧，觉时月浸寒毡。

7.048

散履闲行，野鸟忘机时作伴；披襟兀坐，白云无语漫相留。客到茶烟起竹下，何嫌屐破苍苔？诗成笔影弄花间，且喜歌飞《白雪》。

7.049

月有意而入窗，云无心而出岫。

7.050

屏绝外慕，偃息长林，置理乱于不闻，托清闲而自佚。松轩竹坞，酒瓮茶铛，山月溪云，农蓑渔罟。

7.051

怪石为实友，名琴为和友，好书为益友，奇画为观友，法帖为范友，良砚为砺友，宝镜为明友，净几为方友，古磁为虚友，旧炉为熏友，纸帐为素友，拂麈为静友。

7.052

扫径迎清风，登台邀明月，琴觞之余，间以歌咏，止许鸟语花香，来吾几榻耳。

7.053

风波尘俗，不到意中；云水淡情，常来想外。

7.054

纸帐梅花，休惊他三春清梦；笔床茶灶，可了我半日浮生。酒浇清苦月，诗慰寂寥花。

7.055

好梦乍回，沉心未烬，风雨如晦，竹响入床，此时兴复不浅。山非高峻不佳，不远城市不佳，不近林木不佳，无流泉不佳，无寺观不佳，无云雾不佳，无樵牧不佳。

7.056

一室十圭，寒蛩声暗，折脚铛边，敲石无火。水月在轩，灯魂未灭，揽衣独坐，如游皇古。意思虚闲，世界清净，我身我心，了不可取。此一境界，名最第一。"花枝送客蛙催鼓，竹籁喧林鸟报更。"可谓山史实录。

7.057

遇月夜，露坐中庭，心蓺香一炷，可号伴月香。

7.058

襟韵洒落如晴雪，秋月尘埃不可犯。

7.059

峰峦窈窕，一拳便是名山；花竹扶疏，半亩如同金谷。

7.060

观山水亦如读书，随其见趣高下。

7.061

名利场中，羽客人人输蔡泽一筹；烟花队里，仙流个个让涣之独步。

7.062

深山高居，炉香不可缺，取老松柏之根、枝、实、叶共捣治之，研枫肪麝和之，每焚一丸，亦足助清苦。

7.063

白日羲皇世，青山绮皓心。

7.064

　　松声、涧声、山禽声、夜虫声、鹤声、琴声、棋子落声、雨滴阶声、雪洒窗声、煎茶声，皆声之至清，而读书声为最。

7.065

　　晓起入山，新流没岸；棋声未尽，石磬依然。

7.066

　　松声竹韵，不浓不淡。

7.067

　　何必丝与竹？山水有清音。

7.068

世路中人，或图功名，或治生产，尽自正经，争奈天地间好风月、好山水、好书籍，了不相涉，岂非枉却一生！

7.069

李岩老好睡，众人食罢下棋，岩老辄就枕，阅数局乃一展转，云："我始一局，君几局矣？"

7.070

晚登秀江亭，澄波古木，使人得意于尘埃之外，盖人闲景幽，两相奇绝耳。

7.071

笔砚精良，人生一乐，徒设只觉村妆；琴瑟在御，莫不静好，才陈便得天趣。

7.072

蔡中郎传，情思逶迤；北西厢记，兴致流丽。学他描神写景，必先细味沉吟，如日寄趣本头，空博风流种子。

7.073

夜长无赖，徘徊蕉雨半窗；日永多闲，打叠桐阴一院。

7.074

雨穿寒砌，夜来滴破愁心；雪洒虚窗，晓去散开清影。

7.075

春夜宜苦吟，宜焚香读书，宜与老僧说法，以销艳思；夏夜宜闲谈，宜临水枯坐，宜听松声冷韵，以涤烦襟；秋夜宜豪游，宜访快士，宜谈兵说剑，以除萧瑟；冬夜宜茗战，宜酌酒说《三国》《水浒》《金瓶梅》诸集，宜箸竹肉，以破孤岑。

7.076

玉之在璞，追琢则珪璋；水之发源，疏浚则川沼。

7.077

山以虚而受，水以实而流，读书当作如是观。

7.078

古之君子，行无友，则友松竹；居无友，则友云山。余无友，则友古之友松竹、友云山者。

7.079

买舟载书，作无名钓徒。每当草蓑月冷，铁笛霜清，觉张志和、陆天随去人未远。

7.080

"今日鬓丝禅榻畔，茶烟轻飏落花风。"此趣惟白香山得之。清姿如卧云餐雪，天地尽愧其尘污；雅致如蕴玉含珠，日月转嫌其泄露。

7.081

焚香啜茗，自是吴中习气，雨窗却不可少。

7.082

茶取色臭俱佳，行家偏嫌味苦；香须冲淡为雅，幽人最忌烟浓。

7.083

朱明之候，绿阴满林，科头散发，箕踞白眼，坐长松下，萧骚流觞，正是宜人疏散之场。

7.084

读书夜坐，钟声远闻，梵响相和，从林端来，洒洒窗几上，化作天籁虚无矣。

7.085

夏日蝉声太烦，则弄箫随其韵转；秋冬夜声寥飒，则操琴一曲咻之。

7.086

心清鉴底潇湘月，骨冷禅中太华秋。

7.087

语鸟名花，供四时之啸吟；清泉白石，成一世之幽怀。

7.088

扫石烹泉，舌底朝朝茶味；开窗染翰，眼前处处诗题。

7.089

权轻势去，何妨张雀罗于门前；位高金多，自当效蛇行于郊外。盖炎凉世态，本是常情，故人所浩叹，惟宜付之冷笑耳。

7.090

溪畔轻风，沙汀印月，独往闲行，尝喜见渔家笑傲；松花酿酒，春水煎茶，甘心藏拙，不复问人世兴衰。

7.091

手抚长松，仰视白云，庭空鸟语，悠然自欣。

7.092

或夕阳篱落，或明月帘栊，或雨夜联榻，或
竹下传觞，或青山当户，或白云可庭，于斯时也，
把臂促膝，相知几人，谑语雄谈，快心千古。

7.093

疏帘清簟，销白昼惟有棋声；幽径柴门，印苍
苔只容屐齿。

7.094

落花慵扫，留衬苍苔；村酿新篘，取烧红叶。

7.095

幽径苍苔，杜门谢客；绿阴清昼，脱帽观诗。

7.096

烟萝挂月，静听猿啼；瀑布飞虹，闲观鹤浴。

7.097

帘卷八窗，面面云峰送碧；塘开半亩，潇潇烟水涵清。

7.098

云衲高僧，泛水登山，或可藉以点缀；如必莲座说法，则诗酒之间自有禅趣，不敢学苦行头陀，以作死灰。

7.099

遨游仙子，寒云几片束行妆；高卧幽人，明月半床供枕簟。落落者难合，一合便不可分；欣欣者易亲，乍亲忽然成怨。故君子之处世也，宁风霜自挟，无鱼鸟亲人。

7.100

海内殷勤，但读《停云》之赋；目中寥廓，徒歌明月之诗。

7.101

生平愿无恙者四：一曰青山，一曰故人，一曰藏书，一曰名草。

7.102

闻暖语如挟纩，闻冷语如饮冰，闻重语如负山，闻危语如压卵，闻温语如佩玉，闻益语如赠金。

7.103

旦起理花，午窗剪叶，或截草作字，夜卧忏罪，令一日风流潇散之过，不致堕落。

7.104

快欲之事，无如饥餐；适情之时，莫过甘寝。求多于情欲，即侈汰亦茫然也。

7.105

客来花外茗烟低，共销白昼；酒到梁间歌雪绕，不负清樽。云随羽客，在琼台双关之间；鹤唳芝田，正桐阴灵虚之上。

卷八　奇

我辈寂处窗下，视一切人世，俱若蟻蠓婴丑，不堪寓目。而有一奇文怪说，目数行下，便狂呼叫绝，令人喜，令人怒，更令人悲。低徊数过，床头短剑亦呜呜作龙虎吟，便觉人世一切不平俱付烟水。集奇第八。

8.001

吕圣公之不问朝士名，张师亮之不发窃器奴，韩稚圭之不易持烛兵，不独雅量过人，正是用世高手。

8.002

花看水影，竹看月影，美人看帘影。

8.003

佞佛若可忏罪，则刑官无权；寻仙若可延年，则上帝无主。达士尽其在我，至诚贵于自然。

8.004

以货财害子孙，不必操戈入室；以学校杀后世，有如按剑伏兵。

8.005

君子不傲人以不如，不疑人以不肖。

8.006

读诸葛武侯《出师表》而不堕泪者，其人必不忠；读韩退之《祭十二郎文》而不堕泪者，其人必不友。

8.007

世味非不浓艳，可以淡然处之。独天下之伟人与奇物，幸一见之，自不觉魄动心惊。

8.008

道上红尘，江中白浪，饶他南面百城；花间明月，松下凉风，输我北窗一枕。

8.009

立言亦何容易，必有包天包地、包千古、包来今之识；必有惊天惊地、惊千古、惊来今之才；必有破天破地、破千古、破来今之胆。

8.010

圣贤为骨，英雄为胆，日月为目，霹雳为舌。

8.011

瀑布天落，其喷也珠，其泻也练，其响也琴。

8.012

平易近人，会见神仙济度；瞒心昧己，便有邪祟出来。

8.013

佳人飞去还奔月，骚客狂来欲上天。

8.014

涯如沙聚，响若潮吞。

8.015

诗书乃圣贤之供案，妻妾乃屋漏之史官。

8.016

强项者未必为穷之路，屈膝者未必为通之媒。故铜头铁面，君子落得做个君子；奴颜婢膝，小人枉自做了小人。

8.017

有仙骨者，月亦能飞；无真气者，形终如槁。

8.018

一世穷根，种在一捻傲骨；千古笑端，伏于几个残牙。

8.019

石怪常疑虎，云闲却类僧。

8.020

大豪杰，舍己为人；小丈夫，因人利己。

8.021

一段世情，全凭冷眼觑破；几番幽趣，半从热肠换来。

8.022

识尽世间好人，读尽世间好书，看尽世间好山水。

8.023

舌头无骨，得言句之总持；眼里有筋，具游戏之三昧。

8.024

群居闭口，独坐防心。

8.025

当场傀儡，还我为之；大地众生，任渠笑骂。

8.026

三徙成名，笑范蠡碌碌浮生，纵扁舟，忘却五湖风月；一朝解绶，羡渊明飘飘遗世，命巾车，归来满室琴书。

8.027

人生不得行胸怀，虽寿百岁，犹夭也。

8.028

棋能避世，睡能忘世。棋类耦耕之沮溺，去一不可；睡同御风之列子，独往独来。

8.029

以一石一树与人者，非佳子弟。

8.030

一勺水，便具四海水味，世法不必尽尝；千江月，总是一轮月光，心珠宜当独朗。

8.031

面上扫开十层甲，眉目才无可憎；胸中涤去数斗尘，语言方觉有味。

8.032

愁非一种，春愁则天愁地愁；怨有千般，闺怨则人怨鬼怨。天懒云沉，雨昏花蹙，法界岂少愁云；石颓山瘦，水枯木落，大地觉多窘况。

8.033

笋含禅味，喜坡仙玉版之参；石结清盟，受米颠袍笏之辱。文如临画，曾致诮于昔人；诗类书抄，竟沿流于今日。

8.034

缃缃递满而改头换面，兹律既湮；缥帙动盈而活剥生吞，斯风亦坠。先读经，后可读史；非作文，未可作诗。

8.035

俗气入骨，即吞刀刮肠，饮灰洗胃，觉俗态之益呈；正气效灵，即刀锯在前，鼎镬具后，见英风之益露。

8.036

于琴得道机，于棋得兵机，于卦得神机，于药得仙机。

8.037

相禅遐思唐虞，战争大笑楚汉，梦中蕉鹿犹真，觉后莼鲈一幻。

8.038

世界极于大千，不知大千之外更有何物；天宫极于非想，不知非想之上毕竟何穷。

8.039

千载奇逢，无如好书良友；一生清福，只在茗碗炉烟。

8.040

作梦则天地亦不醒，何论文章？为客则洪蒙无主人，何有章句？

8.041

艳出浦之轻莲，丽穿波之半月。

8.042

云气恍堆窗里岫，绝胜看山；泉声疑泻竹间樽，贤于对酒。杖底唯云，囊中唯月，不劳关市之讥；石笥藏书，池塘洗墨，岂供山泽之税？

8.043

有此世界，必不可无此传奇；有此传奇，乃可维此世界。则传奇所关非小，正可借《西厢》一卷，以为风流谈资。

8.044

非穷愁不能著书，当孤愤不宜说剑。

8.045

湖山之佳，无如清晓春时。当乘月至馆，景生残夜，水映岑楼，而翠黛临阶，吹流衣袂，莺声鸟韵，催起哄然。披衣步林中，则曙光薄户，明霞射几，轻风微散，海旭乍来。见沿堤春草霏霏，明媚如织，远岫朗润出林，长江浩渺无涯，岚光晴气，舒展不一，大是奇绝。

8.046

心无机事，案有好书，饱食晏眠，时清体健，
此是上界真人。读《春秋》，在人事上见天理；读
《周易》，在天理上见人事。

8.047

则何益矣，茗战有如酒兵；试妄言之，谈空不
若说鬼。

8.048

镜花水月，若使慧眼看透；笔彩剑光，肯教壮
志销磨。

8.049

烈士须一剑，则芙蓉赤精，而不惜千金购之；
士人惟寸管，映日干云之器，哪得不重价相索。

8.050

委形无寄，但教鹿豕为群；壮志有怀，莫遣草木同朽。

8.051

哄日吐霞，吞河漱月，气开地震，声动天发。

8.052

议论先辈，毕竟没学问之人；奖惜后生，定然关世道之寄。贫富之交，可以情谅，鲍子所以让金；贵贱之间，易以势移，管宁所以割席。

8.053

论名节，则缓急之事小；较生死，则名节之论微。但知为饿夫以采南山之薇，不必为枯鱼以需西江之水。

8.054

儒有一亩之宫，自不妨草茅下贱；士无三寸之
舌，何用此土木形骸。

8.055

鹏为羽杰，鲲称介豪，翼遮半天，背负重霄。

8.056

怜之一字，吾不乐受，盖有才而徒受人怜，无
用可知；傲之一字，吾不敢矜，盖有才而徒以资
傲，无用可知。

8.057

问近日讲章孰佳，坐一块蒲团自佳；问吾济严
师孰尊，对一枝红烛自尊。

8.058

点破无稽不根之论，只须冷语半言；看透阴阳颠倒之行，惟此冷眼一只。

8.059

古之钓也，以圣贤为竿，道德为纶，仁义为钩，利禄为饵，四海为池，万民为鱼。钓道微矣，非圣人其孰能之？

8.060

既稍云于清汉，亦倒影于华池。

8.061

浮云回度，开月影而弯环；骤雨横飞，挟星精而摇动。

8.062

天台礛起，绕之以赤霞；削成孤峙，覆之以莲花。

8.063

金河别雁，铜柱辞鸢；关山天骨，霜木凋年。

8.064

翻光倒影，擢菡萏于湖中；舒艳腾辉，攒蛱蛛于天畔。

8.065

照万象于晴初，散寥天于日余。

卷九　绮

　　朱楼绿幕，笑语勾别座之香；越舞吴歌，巧舌吐莲花之艳。此身如在怨脸愁眉、红妆翠袖之间，若远若近，为之黯然。嗟乎！又何怪乎身当其际者，拥玉床之翠而心迷，听伶人之奏而陨涕乎？集绮第九。

9.001

天台花好，阮郎却无计再来；巫峡云深，宋玉只有情空赋。瞻碧云之黯黯，觅神女其何踪？睹明月之娟娟，问嫦娥而不应。

9.002

妆楼正对书楼，隔池有影；绣户相通绮户，望眼多情。

9.003

莲开并蒂，影怜池上鸳鸯；缕结同心，日丽屏间孔雀。

9.004

堂上鸣琴操，久弹乎孤凤；邑中制锦纹，重织于双鸾。

9.005

镜想分鸾，琴悲别鹤。

9.006

春透水波明，寒峭花枝瘦。极目烟中百尺楼，人在楼中否？明月当搂，高眠如避，惜哉夜光暗投；芳树交窗，把玩无主，嗟矣红颜薄命。

9.007

鸟语听其涩时，怜娇情之未啭；蝉声听已断处，愁孤节之渐消。

9.008

断雨断云，惊魄三春蝶梦；花开花落，悲歌一夜鹃啼。

9.009

衲子飞觞历乱，解脱于樽斝之间；钗行挥翰淋漓，风神在笔墨之外。

9.010

养纸芙蓉粉，薰衣豆蔻香。

9.011

流苏帐底，披之而夜月窥人；玉镜台前，讽之而朝烟萦树。风流夸坠髻，时世闻啼眉。

9.012

新垒桃花红粉薄，隔楼芳草雪衣凉。

9.013

李后主宫人秋水，喜簪异花，芳香拂髻鬘，尝有粉蝶聚其间，扑之不去。

9.014

濯足清流，芹香飞涧；浣花新水，蝶粉迷波。

9.015

昔人有花中十友：桂为仙友，莲为净友，梅为
清友，菊为逸友，海棠名友，荼蘼韵友，瑞香殊
友，芝兰芳友，腊梅奇友，栀子禅友。昔人有禽
中五客：鸥为闲客，鹤为仙客，鹭为雪客，孔雀
南客，鹦鹉陇客。会花鸟之情，真是天趣活泼。

9.016

凤笙龙管，蜀锦齐纨。

9.017

木香盛开，把杯独坐其下，遥令青奴吹笛，止
留一小奚侍酒，才少斟酌，便退立迎春架后。花
看半开，酒饮微醉。

9.018

夜来月下卧醒，花影零乱，满人襟袖，疑如濯魄于冰壶。

9.019

看花步，男子当作女人；寻花步，女人当作男子。

9.020

窗前俊石冷然，可代高人把臂；槛外名花绰约，无烦美女分香。

9.021

新调初裁，歌儿持板待拍；阄题方启，佳人捧砚濡毫。绝世风流，当场豪举。

9.022

野花艳目，不必牡丹；村酒醉人，何须绿蚁？

9.023

石鼓池边，小草无名可斗；板桥柳外，飞花有阵堪题。

9.024

桃红李白，疏篱细雨初来；燕紫莺黄，老树斜风乍透。

9.025

窗外梅开，喜有骚人弄笛；石边雪积，还须小妓烹茶。

9.026

高楼对月，邻女秋砧；古寺闻钟，山僧晓梵。

9.027

佳人病怯，不耐春寒；豪客多情，犹怜夜饮。李太白之宝花宜障，光孟祖之狗窦堪呼。

9.028

古人养笔，以硫黄酒；养纸，以芙蓉粉；养砚，以文绫盖；养墨，以豹皮囊。小斋何暇及此！惟有时书以养笔，时磨以养墨，时洗以养砚，时舒卷以养纸。

9.029

芭蕉，近日则易枯，迎风则易破。小院背阴，半掩竹窗，分外青翠。

9.030

欧公香饼，吾其熟火无烟；颜氏隐囊，我则斗花以布。

9.031

梅额生香，已堪饮爵；草堂飞雪，更可题诗。七种之羹，呼起袁生之卧；六生之饼，敢迎王子之舟。豪饮竟日，赋诗而散。佳人半醉，美女新妆。月下弹琴，石边侍酒。烹雪之茶，果然剩有寒香；争春之馆，自是堪来花叹。

9.032

黄鸟让其声歌，青山学其眉黛。

9.033

浅翠娇青，笼烟惹湿。清可漱齿，曲可流觞。

9.034

风开柳眼，露浥桃腮。黄鹂呼春，青鸟送雨。海棠嫩紫，芍药嫣红，宜其春也。碧荷铸钱，绿柳缲丝。龙孙脱壳，鸠妇唤晴。雨骤黄梅，日蒸绿李，宜其夏也。槐阴未断，雁信初来。秋英无言，晓露欲结。蕂收避席，青女办妆，宜其秋也。桂子风高，芦花月老。溪毛碧瘦，山骨苍寒。千岩见梅，一雪欲腊，宜其冬也。

9.035

风翻贝叶，绝胜北阙除书；水滴莲花，何似华清宫漏。

9.036

画屋曲房，拥炉列坐，鞭车行酒，分队征歌，一笑千金，樗蒲百万，名妓持笺，玉儿捧砚，淋漓挥洒，水月流虹，我醉欲眠，鼠奔鸟窜，罗襦轻解，鼻息如雷。此一境界，亦足赏心。

9.037

柳花燕子，贴地欲飞，画扇练裙，避人欲进，此春游第一风光也。

9.038

花颜缥缈，欺树里之春风；银焰荧煌，却城头之晓色。

9.039

乌纱帽挟红袖登山，前人自多风致。

9.040

笔阵生云，词锋卷雾。

9.041

楚江巫峡半云雨，清簟疏帘看弈棋。

9.042

美丰仪人，如三春新柳，濯濯风前。

9.043

涧险无平石，山深足细泉；短松犹百尺，少鹤已千年。

9.044

清文满箧，非惟芍药之花；新制连篇，宁止葡萄之树。

9.045

梅花舒两岁之装，柏叶泛三光之酒。飘飘余雪，入箫管以成歌；皎洁轻冰，对蟾光而写镜。

9.046

鹤有累心犹被斥，梅无高韵也遭删。

9.047

分果车中，毕竟借他人面孔；捉刀床侧，终须露自己心胸。雪滚花飞，缭绕歌楼，飘扑僧舍，点点共酒旆悠扬，阵阵追燕莺飞舞。沾泥逐水，岂特可入诗料，要知色身幻影，是即风里杨花、浮生燕垒。

9.048

水绿霞红处，仙犬忽惊人，吠入桃花去。

9.049

九重仙诏，休教丹凤衔来；一片野心，已被白云留住。

9.050

香吹梅渚千峰雪，清映冰壶百尺帘。

9.051

避客偶然抛竹屦，邀僧时一上花船。

9.052

到来都是泪，过去即成尘。秋色生鸿雁，江声冷白蘋。

9.053

斗草春风，才子愁销书带翠；采菱秋水，佳人疑动镜花香。

9.054

竹粉映琅玕之碧，胜新妆流媚，曾无掩面于花宫；花珠凝翡翠之盘，虽什袭非珍，可免探颔于龙藏。

9.055

因花整帽，借柳维船。

9.056

绕梦落花消雨色，一尊芳草送晴曛。

9.057

争春开宴，罢来花有叹声；水国谈经，听去鱼
多乐意。

9.058

无端泪下，三更山月老猿啼；蓦地娇来，一
月泥香新燕语。燕子刚来，春光惹恨；雁臣甫聚，
秋思惨人。

9.059

韩嫣金弹，误了饥寒人多少奔驰；潘岳果车，增了少年人多少颜色。

9.060

微风醒酒，好雨催诗，生韵生情，怀颇不恶。

9.061

苎罗村里，对娇歌艳舞之山；若耶溪边，拂浓抹淡妆之水。春归何处，街头愁杀卖花；客落他乡，河畔生憎折柳。

9.062

论到高华，但说黄金能结客；看来薄命，非关红袖嫩撩人。

9.063

同气之求，惟刺平原于锦绣；同声之应，徒铸子期以黄金。

9.064

胸中不平之气，说倩山禽；世上叵测之心，藏之烟柳。

9.065

祛长夜之恶魔，女郎说剑；销千秋之热血，学士谈禅。

9.066

论声之韵者，曰溪声、涧声、竹声、松声、山禽声、幽壑声、芭蕉雨声、落花声、落叶声，皆天地之清籁，诗坛之鼓吹也，然销魂之听，当以卖花声为第一。

9.067

石上酒花，几片湿云凝夜色；松间人语，数声宿鸟动朝喧。媚字极韵，但出以清致，则窈窕俱见风神，附以妖娆，则做作毕露丑态。如芙蓉媚秋水，绿筱媚清涟，方不着迹。

9.068

武士无刀兵气，书生无寒酸气，女郎无脂粉气，山人无烟霞气，僧家无香火气，换出一番世界，便为世上不可少之人。

9.069

情词之娴美，《西厢》以后，无如《玉合》《紫钗》《牡丹亭》三传，置之案头，可以挽文思之枯涩，收神情之懒散。

9.070

俊石贵有画意，老树贵有禅意，韵士贵有酒意，美人贵有诗意。

9.071

红颜未老，早随桃李嫁春风；黄卷将残，莫向桑榆怜暮景。销魂之音，丝竹不如着肉。然而风月山水间，别有清魂销于清响，即子晋之笙，湘灵之瑟，董双成之云璈，犹属下乘。娇歌艳曲，不尽混乱耳根。

9.072

风惊蟋蟀，闻织妇之鸣机；月满蟾蜍，见天河之弄杼。

9.073

高僧筒里送信，突地天花坠落；韵妓扇头寄画，隔江山雨飞来。酒有难悬之色，花有独蕴之香，以此想红颜媚骨，便可得之格外。

9.074

客斋使令，翔七宝妆，理茶具，响松风于蟹眼，浮雪花于兔毫。

9.075

每到日中重掠鬓，衩衣骑马绕宫廊。

9.076

绝世风流，当场豪举。世路既如此，但有肝胆向人；清议可奈何，曾无口舌造业。

9.077

花抽珠渐落，珠悬花更生。风来香转散，风度焰还轻。

9.078

莹以玉琇，饰以金英。绿荚悬插，红蕖倒生。

9.079

浮沧海兮气浑，映青山兮色乱。

9.080

纷黄庭之霹霏，隐重廊之窈窕。青陆至而莺啼，朱阳升而花笑。

9.081

紫蒂红蕤，玉蕊苍枝。

9.082

视莲潭之变彩，见松院之生凉；引惊蝉于宝瑟，宿兰燕于瑶筐。

9.083

蒲团布衲，难于少时存老去之禅心；玉剑角弓，贵于老时任少年之侠气。

卷十　豪

　　今世矩视尺步之辈，与夫守株待兔之流，是
不束缚而阱者也。宇宙寥寥，求一豪者，安得哉？
家徒四壁，一掷千金，豪之胆；兴酣落笔，泼墨
千言，豪之才；我才必用，黄金复来，豪之识。
夫豪既不可得，而后世偶傥之士，或以一言一字写
其不平，又安与沉沉故纸同为销没乎！集豪第十。

10.001

桃花马上春衫，少年侠气；贝叶斋中夜衲，老去禅心。

10.002

岳色江声，富煞胸中丘壑；松阴花影，争残局上山河。

10.003

骥虽伏枥，足能千里；鹄即垂翅，志在九霄。

10.004

个个题诗，写不尽千秋花月；人人作画，描不完大地江山。

10.005

不能用世而故为玩世，只恐遇着真英雄；不能经世而故为欺世，只好对着假豪杰。

10.006

绿酒但倾，何妨易醉？黄金既散，何论复来？

10.007

诗酒兴将残，剩却楼头几明月；登临情不已，平分江上半青山。

10.008

闲行消白日，悬李贺呕字之囊；搔首问青天，携谢朓惊人之句。

10.009

假英雄专映不鸣之剑，若尔锋铓，遇真人而落胆；穷豪杰惯作无米之炊，此等作用，当大计而扬眉。

10.010

深居远俗，尚愁移山有文；纵饮达旦，犹笑醉乡无记。

10.011

风会日靡，试具宋广平之石肠；世道莫容，请收姜伯约之大胆。

10.012

藜床半穿，管宁真吾师乎；轩冕必顾，华歆洵非友也。

10.013

车尘马足之下，露出丑形；深山穷谷之中，剩些真影。

10.014

吐虹霓之气者，贵挟风霜之色；依日月之光者，毋怀雨露之私。

10.015

清襟凝远，卷秋江万顷之波；妙笔纵横，挽昆仑一峰之秀。

10.016

闻鸡起舞，刘琨其壮士之雄心乎；闻筝起舞，迦叶其开士之素心乎！

10.017

友遍天下英杰人士，读尽人间未见之书。

10.018

读书倦时须看剑，英发之气不磨；作文苦际可歌诗，郁结之怀随畅。

10.019

交友须带三分侠气，作人要存一点素心。

10.020

栖守道德者，寂寞一时；依阿权变者，凄凉万古。

10.021

深山穷谷，能老经济才猷；绝壑断崖，难隐灵文奇字。

10.022

王门之吹非竽，梦连魏阙；郢路之飞声无调，羞向楚囚。肝胆煦若春风，虽囊乏一文，还怜茕独；气骨清如秋水，纵家徒四壁，终傲王公。

10.023

献策金门苦未收，归心日夜水东流。扁舟载得愁千斛，闻说君王不税愁。

10.024

世事不堪评，掩卷神游千古上；尘氛应可却，闭门心在万山中。

10.025

负心满天地，辜他一片热肠；变态自古今，悬此两只冷眼。

10.026

龙津一剑，尚作合于风雷；胸中数万甲兵，宁终老于牖下？此中空洞原无物，何止容卿数百人。

10.027

英雄未转之雄图，假糟丘为霸业；风流不尽之余韵，托花谷为深山。

10.028

红润口脂，花蕊乍过微雨；翠匀眉黛，柳条徐拂轻风。

10.029

满腹有文难骂鬼，措身无地反忧天。

10.030

大丈夫居世，生当封侯，死当庙食。不然，闲居可以养志，诗书足以自娱。

10.031

不恨我不见古人，惟恨古人不见我。

10.032

荣枯得丧，天意安排，浮云过太虚也；用舍行藏，吾心镇定，砥柱在中流乎！

10.033

曹曾积石为仓以藏书，名曹氏石仓。

10.034

丈夫须有远图，眼孔如轮，可怪处堂燕雀；豪杰宁无壮志，风棱似铁，不忧当道豺狼。

10.035

云长香火，千载遍于华夷；坡老姓字，至今口于妇孺。意气精神，不可磨灭。

10.036

据床嗒尔，听豪士之谈锋；把盏惺然，看酒人之醉态。

10.037

登高眺远，吊古寻幽。广胸中之丘壑，游物外之文章。

10.038

雪霁清境，发于梦想。此间但有荒山大江，修竹古木。

10.039

每饮村酒后，曳杖放脚，不知远近，亦旷然天真。

10.040

须眉之士，在世宁使乡里小儿怒骂，不当使乡里小儿见怜。

10.041

胡宗宪读《汉书》，至终军请缨事，乃起拍案曰："男儿双脚当从此处插入，其它皆狼藉耳！"

10.042

宋海翁才高嗜酒，睥睨当世。忽乘醉泛舟海上，仰天大笑曰："吾七尺之躯，岂世间凡土所能贮？合以大海葬之耳！"遂按波而入。

10.043

王仲祖有好形仪，每览镜自照，曰："王文开那生宁馨儿？"

10.044

毛澄七岁善属对，诸喜之者赠以金钱，归掷之曰："吾犹薄苏秦斗大，安事此邓通靡靡？"

10.045

梁公实荐一士于李于麟，士欲以谢梁，曰："吾有长生术，不惜为公授。"梁曰："吾名在天地间，只恐盛着不了，安用长生！"

10.046

吴正子穷居一室，门环流水，跨木而渡，渡毕即抽之。人问故，笑曰："土舟浅小，恐不胜富贵人来踏耳！"

10.047

吾有目有足，山川风月，吾所能到，我便是山川风月主人。大丈夫当雄飞，安能雌伏。

10.048

青莲登华山落雁峰，曰："呼吸之气，想通帝座。恨不携谢朓惊人之诗来，搔首问青天耳！"

10.049

志欲枭逆虏，枕戈待旦，常恐祖生，先我着鞭。

10.050

旨言不显，经济多托之工瞽刍荛；高踪不落，英雄常混之渔樵耕牧。

10.051

高言成啸虎之风，豪举破涌山之浪。

10.052

立言者，未必即成千古之业，吾取其有千古之心；好客者，未必即尽四海之交，吾取其有四海之愿。

10.053

管城子无食肉相，世人皮相何为？孔方兄有绝交书，今日盟交安在？

10.054

襟怀贵疏朗，不宜太逞豪华；文字要雄奇，不宜故求寂寞。

10.055

悬榻待贤士，岂曰交情已乎；投辖留好宾，不过酒兴而已。才以气雄，品由心定。

10.056

为文而欲一世之人好，吾悲其为文；为人而欲一世之人好，吾悲其为人。

10.057

济笔海则为舟航，骋文囿则为羽翼。

10.058

胸中无三万卷书，眼中无天下奇山川，未必能文。纵能，亦无豪杰语耳。

10.059

山厨失斧，断之以剑。客至无枕，解琴自供。鎠盆溃散，磬为注洗。盖不暖足，覆之以蓑。

10.060

孟宗少游学，其母制十二幅被，以招贤士共卧，庶得闻君子之言。

10.061

张烟雾于海际，耀光景于河渚；乘天梁而浩荡，叫帝阍而延伫。

10.062

声誉可尽，江天不可尽；丹青可穷，山色不可穷。

10.063

闻秋空鹤唳，令人逸骨仙仙；看海上龙腾，觉我壮心勃勃。

10.064

明月在天，秋声在树，珠箔卷啸倚高楼；苍苔在地，春酒在壶，玉山颓醉眠芳草。

10.065

胸中自是奇，乘风破浪，平吞万顷苍茫；脚底由来阔，历险穷幽，飞度千寻香霭。

10.066

松风涧雨，九霄外声闻环佩，清我吟魂；海市蜃楼，万水中一幅画图，供吾醉眼。

10.067

每从白门归，见江山逶迤，草木苍郁。人常言佳，我觉是别离人肠中一段酸楚气耳。

10.068

人每诔余腕中有鬼，余谓：鬼自无端入吾腕中，吾腕中未尝有鬼也。人每责余目中无人，余谓：人自不屑入吾目中，吾目中未尝无人也。

10.069

天下无不虚之山，惟虚故高而易峻；天下无不实之水，惟实故流而不竭。

10.070

放不出憎人面孔，落在酒杯；丢不下怜世心肠，寄之诗句。春到十千美酒，为花洗妆；夜来一片名香，与月熏魄。

10.071

忍到熟处则忧患消，淡到真时则天地赘。

10.072

醺醺熟读《离骚》，孝伯外敢曰并皆名士？碌碌常承色笑，阿奴辈果然尽是佳儿。

10.073

剑雄万敌，笔扫千军。

10.074

飞禽铩翮，犹爱惜乎羽毛；志士捐生，终不忘乎老骥。

10.075

敢于世上放开眼，不向人间浪皱眉。

10.076

缥缈孤鸿，影来窗际，开户从之，明月入怀，花枝零乱，朗吟"枫落吴江冷"之句，令人凄绝。

10.077

云破月窥花好处，夜深花睡月明中。

10.078

三春花鸟犹堪赏，千古文章只自知。文章自是堪千古，花鸟三春只几时？

10.079

士大夫胸中无三斗墨，何以运管城？然恐酝酿宿陈，出之无光泽耳。

10.080

攫金于市者，见金而不见人；剖身藏珠者，爱珠而忘自爱。与夫决性命以饕富贵，纵嗜欲以戕生者何异？

10.081

说不尽山水好景，但付沉吟；当不起世态炎凉，惟有闭户。

10.082

杀得人者，方能生人。有恩者，必然有怨。若使不阴不阳，随世波靡，肉菩萨出世，于世何补，此生何用。

10.083

李太白云："天生我才必有用，黄金散尽还复来。"杜少陵云："一生性僻耽佳句，语不惊人死不休。"豪杰不可不解此语。

10.084

天下固有父兄不能囿之豪杰，必无师友不可化之愚蒙。谐友于天伦之外，元章呼石为兄；奔走于世途之中，庄生喻尘以马。

10.085

词人半肩行李，收拾秋水春云；深宫一世梳妆，恼乱晚花新柳。

10.086

得意不必人知，兴来书自圣；纵口何关世议，醉后语犹颠。

10.087

英雄尚不肯以一身受天公之颠倒，吾辈奈何以一身受世人之提掇？是堪指发，未可低眉。

10.088

能为世必不可少之人，能为人必不可及之事，则庶几此生不虚。

10.089

儿女情，英雄气，并行不悖；或柔肠，或侠骨，总是吾徒。

10.090

上马横槊，下马作赋，自是英雄本色；熟读《离骚》，痛饮浊酒，果然名士风流。

10.091

诗狂空古今，酒狂空天地。

10.092

处世当于热地思冷，出世当于冷地求热。

10.093

我辈腹中之气，亦不可少，要不必用耳，若蜜口，真妇人事哉。

10.094

办大事者，匪独以意气胜，盖亦其智略绝也。故负气雄行，力足以折公侯；出奇制算，事足以骇耳目。如此人者，俱千古矣，嗟嗟，今世徒虚语耳。

10.095

说剑谈兵，今生恨少封侯骨；登高对酒，此日休吟烈士歌。

10.096

身许为知己死，一剑夷门，到今侠骨香仍古；
腰不为督邮折，五斗彭泽，从古高风清至今。

10.097

剑击秋风，四壁如闻鬼啸；琴弹夜月，空山引
动猿号。

10.098

壮士愤懑难消，高人情深一往。

10.099

先达笑弹冠，休向侯门轻曳裾；相知犹按剑，
莫从世路暗投珠。

卷十一　法

　　自方袍幅巾之态，遍满天下，而超脱颖绝之士，遂以同污合流矫之，而世道不古矣。夫迂腐者，既泥于法，而超脱者，又越于法，然则士君子亦不偏不倚，期无所泥越则已矣，何必方袍幅巾，作此迂态耶！集法第十一。

11.001

世无乏才之世，以通天达地之精神，而辅之以拔十得五之法眼。一心可以交万友，二心不可以交一友。

11.002

凡事，留不尽之意则机圆；凡物，留不尽之意则用裕；凡情，留不尽之意则味深；凡言，留不尽之意则致远；凡兴，留不尽之意则趣多；凡才，留不尽之意则神满。

11.003

有世法，有世缘，有世情。缘非情，则易断；情非法，则易流。

11.004

世多理所难必之事，莫执宋人道学；世多情所
难通之事，莫说晋人风流。

11.005

与其以衣冠误国，不若以布衣关世；与其以林
下而矜冠裳，不若以廊庙而标泉石。

11.006

眼界愈大，心肠愈小；地位愈高，举止愈卑。

11.007

少年人要心忙，忙则摄浮气；老年人要心闲，
闲则乐余年。晋人清谈，宋人理学，以晋人遣俗，
以宋人裋躬，合之双美，分之两伤也。

11.008

莫行心上过不去事，莫存事上行不去心。

11.009

忙处事为，常向闲中先检点；动时念想，预从静里密操持。青天白日处节义，自暗室屋漏处培来；旋转乾坤的经纶，自临深履薄处操出。

11.010

以积货财之心积学问，以求功名之念求道德，以爱子女之心爱父母，以保爵位之策保国家。

11.011

才智英敏者，宜以学问摄其躁；气节激昂者，当以德性融其偏。

11.012

何以下达？惟有饰非；何以上达？无如改过。

11.013

一点不忍的念头，是生民生物之根芽；一段不
为的气象，是撑天撑地之柱石。

11.014

君子对青天而惧，闻雷霆而不惊；履平地而
恐，涉风波而不疑。

11.015

不可乘喜而轻诺，不可因醉而生嗔，不可乘快
而多事，不可因倦而鲜终。

11.016

意防虑如拨，口防言如遏，身防染如夺，行防过如割。

11.017

白沙在泥，与之俱黑，渐染之习久矣；他山之石，可以攻玉，切磋之力大焉。

11.018

后生辈胸中，落"趣、味"两字，有以趣胜者，有以味胜者，然宁饶于味，而无饶于趣。

11.019

芳树不用买，韶光贫可支。

11.020

寡思虑以养神，剪欲色以养精，靖言语以养气。

11.021

立身高一步方超达，处世退一步方安乐。

11.022

士君子贫不能济物者，遇人痴迷处，出一言提醒之，遇人急难处，出一言解救之，亦是无量功德。

11.023

救既败之事者，如驭临崖之马，休轻策一鞭；图垂成之功者，如挽上滩之舟，莫少停一棹。

11.024

是非邪正之交，少迁就则失从违之正；利害得失之会，太分明则起趋避之私。

11.025

事系幽隐，要思回护他，着不得一点攻讦的念头；人属寒微，要思矜礼他，着不得一毫傲睨的气象。

11.026

毋以小嫌而疏至戚，勿以新怨而忘旧恩。

11.027

礼义廉耻，可以律己，不可以绳人。律己则寡过，绳人则寡合。

11.028

凡事韬晦，不独益己，抑且益人；凡事表暴，不独损人，抑且损己。

11.029

觉人之诈，不形于言；受人之侮，不动于色。此中有无穷意味，亦有无穷受用。

11.030

爵位不宜太盛，太盛则危；能事不宜尽毕，尽毕则衰。

11.031

遇故旧之交，意气要愈新；处隐微之事，心迹宜愈显；待衰朽之人，恩礼要愈隆。

11.032

用人不宜刻，刻则思效者去；交友不宜滥，滥则贡谀者来。

11.033

忧勤是美德，太苦则无以适性怡情；淡泊是高风，太枯则无以济人利物。

11.034

作人要脱俗，不可存一矫俗之心；应世要随时，不可起一趋时之念。

11.035

富贵之家，常有穷亲戚往来，便是忠厚。

11.036

从师延名士，鲜垂教之实益；为徒攀高第，少受诲之真心。男子有德便是才，女子无才便是德。

11.037

病中之趣味，不可不尝；穷途之景界，不可不历。

11.038

才人国士，既负不群之才，定负不羁之行，是以才稍压众则忌心生，行稍违时则侧目至。死后声名，空誉墓中之骸骨；穷途潦倒，谁怜宫外之蛾眉。

11.039

贵人之交贫士也，骄色易露；贫士之交贵人也，傲骨当存。君子处身，宁人负己，己无负人；小人处事，宁己负人，无人负己。

11.040

砚神曰淬妃，墨神曰回氏，纸神曰尚卿，笔神曰昌化，又曰佩阿。

11.041

要治世，半部《论语》；要出世，一卷《南华》。

11.042

祸莫大于纵己之欲，恶莫大于言人之非。

11.043

求见知于人世易，求真知于自己难；求粉饰于耳目易，求无愧于隐微难。

11.044

圣人之言，须常将来眼头过、口头转、心头运。

11.045

与其巧持于末，不若拙戒于初。

11.046

君子有三惜：此生不学，一可惜；此日闲过，二可惜；此身一败，三可惜。

11.047

昼观诸妻子，夜卜诸梦寐，两者无愧，始可言学。

11.048

士大夫三日不读书，则礼义不交，便觉面目可憎，语言无味。

11.049

与其密面交，不若亲谅友；与其施新恩，不若还旧债。

11.050

士人当使王公闻名多而识面少，宁使王公讶其不来，毋使王公厌其不去。

11.051

见人有得意事，便当生忻喜心；见人有失意事，便当生怜悯心：皆自己真实受用处。忌成乐败，徒自坏心术耳。

11.052

恩重难酬，名高难称。

11.053

待客之礼当存古意，止一鸡一黍，酒数行，食饭而罢，以此为法。

11.054

处心不可着，着则偏；作事不可尽，尽则穷。

11.055

士人所贵，节行为大。轩冕失之，有时而复来；节行失之，终身不可得矣。

11.056

势不可倚尽，言不可道尽，福不可享尽，事不可处尽，意味偏长。

11.057

静坐然后知平日之气浮，守默然后知平日之言躁，省事然后知平日之心忙，闭户然后知平日之交滥，寡欲然后知平日之病多，近情然后知平日之念刻。

11.058

喜时之言多失信，怒时之言多失体。

11.059

泛交则多费，多费则多营，多营则多求，多求
则多辱。

11.060

一字不可不与人，一言不可轻语人，一笑不可
轻假人。

11.061

正以处心，廉以律己，忠以事君，恭以事长，
信以接物，宽以待下，敬以洽事，此居官之七
要也。

11.062

圣人成大事业者，从战战兢兢之小心来。

11.063

酒入舌出，舌出言失，言失身弃，余以为弃身，不如弃酒。

11.064

青天白日，和风庆云，不特人多喜色，即鸟鹊且有好音。若暴风怒雨，疾雷幽电，鸟亦投林，人皆闭户。故君子以太和元气为主。

11.065

胸中落"意气"两字，则交游定不得力；落"骚雅"二字，则读书定不深心。

11.066

交友之先宜察，交友之后宜信。

11.067

惟俭可以助廉，惟恕可以成德。

11.068

惟书不问贵贱贫富老少，观书一卷，则有一卷之益；观书一日，则有一日之益。

11.069

坦易其心胸，率真其笑语，疏野其礼数，简少其交游。

11.070

好丑不可太明，议论不可务尽，情势不可殚竭，好恶不可骤施。

11.071

不风之波，开眼之梦，皆能增进道心。

11.072

开口讥诮人，是轻薄第一件，不惟丧德，亦足丧身。

11.073

人之恩可念不可忘，人之仇可忘不可念。

11.074

不能受言者，不可轻与一言，此是善交法。

11.075

君子于人，当于有过中求无过，不当于无过中求有过。

11.076

我能容人，人在我范围，报之在我，不报在我；人若容我，我在人范围，不报不知，报之不知。自重者然后人重，人轻者由我自轻。

11.077

高明性多疏脱，须学精严；狷介常苦迂拘，当思圆转。

11.078

欲做精金美玉的人品，定从烈火锻来；思立揭地掀天的事功，须向薄冰履过。

11.079

性不可纵，怒不可留，语不可激，饮不可过。

11.080

能轻富贵，不能轻一轻富贵之心；能重名义，又复重一重名义之念，是事境之尘氛未扫，而心境之芥蒂未忘。此处拔除不净，恐石去而草复生矣。

11.081

纷扰固溺志之场，而枯寂亦槁心之地，故学者当栖心玄默，以宁吾真体，亦当适志恬愉，以养吾圆机。

11.082

昨日之非不可留，留之则根烬复萌，而尘情终累乎理趣；今日之是不可执，执之则渣滓未化，而理趣反转为欲根。待小人不难于严，而难于不恶；待君子不难于恭，而难于有礼。

11.083

市私恩，不如扶公议；结新知，不如敦旧好；立荣名，不如种隐德；尚奇节，不如谨庸行。

11.084

有一念而犯鬼神之忌，一言而伤天地之和，一事而酿子孙之祸者，最宜切戒。

11.085

不实心，不成事；不虚心，不知事。

11.086

老成人受病，在作意步趋；少年人受病，在假意超脱。

11.087

为善有表里始终之异，不过假好人；为恶无表里始终之异，倒是硬汉子。

11.088

人心处咫尺玄门，得意时千古快事。

11.089

《水浒传》无所不有，却无破老一事，非关缺陷，恰是酒肉汉本色，如此益知作者之妙。

11.090

世间会讨便宜人，必是吃过亏者。

11.091

书是同人，每读一篇，自觉寝食有味；佛为老友，但窥半偈，转思前境真空。

11.092

衣垢不涤，器缺不补，对人犹有惭色；行垢不涤，德缺不补，对天岂无愧心！

11.093

天地俱不醒，落得昏沉醉梦；洪蒙率是客，枉寻寥廓主人。老成人必典必则，半步可规；气闷人不吐不茹，一时难对。重友者，交时极难，看得难，以故转重；轻友者，交时极易，看得易，以故转轻。

11.094

近以静事而约己，远以惜福而延生。

11.095

掩户焚香，清福已具。如无福者，定生他想。更有福者，辅以读书。

11.096

国家用人，犹农家积粟。粟积于丰年，乃可济饥；才储于平时，乃可济用。

11.097

考人品，要在五伦上见。此处得，则小过不足疵；此处失，则众长不足录。

11.098

国家尊名节，奖恬退，虽一时未见其效，然当患难仓卒之际，终赖其用。如禄山之乱，河北二十四郡皆望风奔溃，而抗节不挠者，止一颜真卿，明皇初不识其人。则所谓名节者，亦未尝不自恬退中得来也，故奖恬退者，乃所以励名节。

11.099

志不可一日坠，心不可一日放。

11.100

辩不如讷，语不如默，动不如静，忙不如闲。

11.101

以无累之神，合有道之器，宫商暂离，不可得已。

11.102

精神清旺，境境都有会心；志气昏愚，到处俱成梦幻。

11.103

酒能乱性，佛家戒之；酒能养气，仙家饮之。佘于无酒时学佛，有酒时学仙。

11.014

烈士不餧，正气以饱其腹；清士不寒，青史以暖其躬；义士不死，天君以生其骸。总之手悬胸中之日月，以任世上之风波。

11.105

孟郊有句云：青山碾为尘，白日无闲人。于邺云：白日若不落，红尘应更深。又云：如逢幽隐处，似遇独醒人。王维云：行到水穷处，坐看云起时。又云：明月松间照，清泉石上流。皎然云：少时不见山，便觉无奇趣。每一吟讽，逸思翩翩。

卷十二　倩

倩不可多得，美人有其韵，名花有其致，青山绿水有其丰标。外则山臞韵士，当情景相会之时，偶出一语，亦莫不尽其韵，极其致，领略其丰标。可以启名花之笑，可以佐美人之歌，可以发山水之清音，而又何可多得！集倩第十二。

12.001

会心处，自有濠濮间想，然可亲人鱼鸟；偃卧时，便是羲皇上人，何必秋月凉风？

12.002

一轩明月，花影参差，席地便宜小酌；十里青山，鸟声断续，寻春几度长吟。

12.003

入山采药，临水捕鱼，绿树阴中鸟道；扫石弹琴，卷帘看鹤，白云深处人家。

12.004

沙村竹色，明月如霜，携幽人杖藜散步；石屋松阴，白云似雪，对孤鹤扫榻高眠。

12.005

焚香看书，人事都尽。隔帘花落，松梢月上。钟声忽度，推窗仰视，河汉流云，大胜昼时。非有洗心涤虑、得意爻象之表者，不可独契此语。

12.006

纸窗竹屋，夏葛冬裘，饭后黑甜，日中白醉，足矣！

12.007

收碣石之宿雾，敛苍梧之夕云。八月灵槎，泛寒光而静去；三山神阙，湛清影以遥连。

12.008

空三楚之暮天，楼中历历；满六朝之故地，草际悠悠。

12.009

秋水岸移新钓舫，藕花洲拂旧荷裳。心深不灭三年字，病浅难销寸步香。

12.010

赵飞燕歌舞自赏，仙风留于绤裙；韩昭侯嚬笑不轻，俭德昭于敝袴：皆以一物著名，局面相去甚远。

12.011

翠微僧至，衲衣皆染松云；斗室残经，石磬半沉蕉雨。

12.012

黄鸟情多，常向梦中呼醉客；白云意懒，偏来僻处媚幽人。

12.013

乐意相关禽对语，生香不断树交花，是无彼无此真机；野色更无山隔断，天光常与水相连，此彻上彻下真境。

12.014

美女不尚铅华，似疏云之映淡月；禅师不落空寂，若碧沼之吐青莲。

12.015

书者喜谈画，定能以画法作书；酒人好论茶，定能以茶法饮酒。

12.016

诗用方言，岂是采风之子；谈邻俳语，恐贻拂尘之羞。

12.017

肥壤植梅花，茂而其韵不古；沃土种竹枝，盛而其质不坚。竹径松篱，尽堪娱目，何非一段清闲？园亭池榭，仅可容身，便是半生受用。

12.018

南涧科头，可任半帘明月；北窗坦腹，还须一榻清风。

12.019

披帙横风榻，邀棋坐雨窗。

12.020

洛阳每遇梨花时，人多携酒树下，曰：为梨花洗妆。

12.021

　　绿染林皋，红销溪水。几声好鸟斜阳外，一簇春风小院中。

12.022

　　有客到柴门，清尊开江上之月；无人剪蒿径，孤榻对雨中之山。

12.023

　　恨留山鸟啼百卉之春红，愁寄陇云锁四天之暮碧。

12.024

　　涧口有泉常饮鹤，山头无地不栽花。

12.025

双杵茶烟，具载陆君之灶；半床松月，且窥扬子之书。

12.026

寻雪后之梅，几忙骚客；访霜前之菊，颇惬幽人。

12.027

帐中苏合，全消雀尾之炉；槛外游丝，半织龙须之席。

12.028

瘦竹如幽人，幽花如处女。

12.029

晨起推窗，红雨乱飞，闲花笑也；绿树有声，闲鸟啼也；烟岚灭没，闲云度也；藻荇可数，闲池静也；风细帘青，林空月印，闲庭峭也。山扉昼扃，而剥啄每多闲侣；帖括困人，而几案每多闲编。绣佛长斋，禅心释谛，而念多闲想，语多闲词。闲中滋味，洵足乐也。

12.030

鄙吝一消，白云亦可赠客；渣滓尽化，明月亦来照人。

12.031

水流云在，想子美千载高标；月到风来，忆尧夫一时雅致。何以消天下之清风朗月，酒盏诗筒；何以谢人间之覆雨翻云，闭门高卧。

12.032

高客留连，花木添清疏之致；幽人剥啄，莓苔生淡冶之容。雨中连榻，花下飞觞，进艇长波，散发弄月。紫箫玉笛，飒起中流，白露可餐，天河在袖。

12.033

午夜箕踞松下，依依皎月，时来亲人，亦复快然自适。

12.034

香宜远焚，茶宜旋煮，山宜秋登。

12.035

中郎赏花云："茗赏上也，谈赏次也，酒赏下也。茶越而崇酒，及一切庸秽凡俗之语，此花神之深恶痛斥者。宁闭口枯坐，勿遭花恼可也。"

12.036

　　赏花有地有时，不得其时而漫然命客，皆为唐突。寒花宜初雪，宜雨霁，宜新月，宜暖房；温花宜晴日，宜轻寒，宜华堂；暑花宜雨后，宜快风，宜佳木浓阴，宜竹下，宜水阁；凉花宜爽月，宜夕阳，宜空阶，宜苔径，宜古藤巉石边。若不论风日，不择佳地，神气散缓，了不相属，比于妓舍酒馆中花，何异哉！

12.037

云霞争变，风雨横天，终日静坐，清风洒然。

12.038

妙笛至山水佳处，马上临风快作数弄。

12.039

心中事，眼中景，意中人。

12.040

园花按时开放，因即其佳称，待之以客：梅花索笑客，桃花销恨客，杏花倚云客，水仙凌波客，牡丹酣酒客，芍药占春客，萱草忘忧客，莲花禅社客，葵花丹心客，海棠昌州客，桂花青云客，菊花招隐客，兰花幽谷客，酴醾清叙客，腊梅远寄客。须是身闲，方可称为主人。

12.041

马蹄入树鸟梦坠，月色满桥人影来。

12.042

无事当看韵书，有酒当邀韵友。

12.043

红蓼滩头，青林古岸，西风扑面，风雪打头，披蓑顶笠，执竿烟水，俨在米芾《寒江独钓图》中。

12.044

冯惟一以杯酒自娱，酒酣即弹琵琶，弹罢赋诗，诗成起舞，时人爱其俊逸。

12.045

风下松而合曲，泉萦石而生文。

12.046

秋风解缆，极目芦苇，白露横江，情景凄绝。孤雁惊飞，秋色远近，泊舟卧听，沽酒呼卢，一切尘事，都付秋水芦花。

12.047

设禅榻二，一自适，一待朋。朋若未至，则悬之。敢曰："陈蕃之榻，悬待孺子；长史之榻，专设休源。"亦惟禅榻之侧，不容着俗人膝耳。诗魔酒颠，赖此榻袪醒。

12.048

留连野水之烟，淡荡寒山之月。

12.049

春夏之交，散行麦野；秋冬之际，微醉稻场。欣看麦浪之翻银，积翠直侵衣带；快睹稻香之覆地，新醅欲溢尊罍。每来得趣于庄村，宁去置身于草野。

12.050

羁客在云村，蕉雨点点，如奏笙竽，声极可爱；山人读《易》《礼》，斗后骑鹤以至，不减闻《韶》也。

12.051

阴茂树，濯寒泉，溯冷风，宁不爽然洒然。

12.052

韵言一展卷间，恍坐冰壶而观龙藏。

12.053

春来新笋，细可供茶；雨后奇花，肥堪待客。

12.054

赏花须结豪友，观妓须结淡友，登山须结逸友，泛舟须结旷友，对月须结冷友，待雪须结艳友，捉酒须结韵友。

12.055

问客写药方，非关多病；闭门听野史，只为偷闲。

12.056

岁行尽矣，风雨凄然，纸窗竹屋，灯火青荧，时于此间得小趣。

12.057

山鸟每夜五更喧起五次，谓之报更，盖山间率真漏声也。分韵题诗，花前酒后；闭门放鹤，主去客来。

12.058

插花着瓶中，令俯仰高下，斜正疏密，皆有意态，得画家写生之趣方佳。

12.059

法饮宜舒，放饮宜雅，病饮宜少，愁饮宜醉，春饮宜郊，夏饮宜庭，秋饮宜舟，冬饮宜室，夜饮宜月。

12.060

甘酒以待病客，辣酒以待饮客，苦酒以待豪客，淡酒以待清客，浊酒以待俗客。

12.061

仙人好楼居，须岧峣轩敞，八面玲珑，舒目披襟，有物外之观，霞表之胜。宜对山，宜临水；宜待月，宜观霞；宜夕阳，宜雪月。宜岸帻观书，宜倚槛吹笛，宜焚香静坐，宜挥麈清谈。江干宜帆影，山郁宜烟岚；院落宜杨柳，寺观宜松篁；溪边宜渔樵、宜鹭鸶，花前宜娉婷、宜鹦鹉。宜翠雾霏微，宜银河清浅；宜万里无云，长空如洗；宜千林雨过，叠嶂如新；宜高插江天，宜斜连城郭；宜开窗眺海日，宜露顶卧天风；宜啸，宜咏，宜终日敲棋；宜酒，宜诗，宜清宵对榻。

12.062

良夜风清，石床独坐，花香暗度，松影参差。黄鹤楼可以不登，张怀民可以不访，《满庭芳》可以不歌。

12.063

茅屋竹窗，一榻清风邀客；茶炉药灶，半帘明月窥人。

12.064

娟娟花露，晓湿芒鞋；瑟瑟松风，凉生枕簟。

12.065

绿叶斜披，桃叶渡头，一片弄残秋月；青帘高挂，杏花村里，几回典却春衣。

12.066

杨花飞入珠帘，帨巾洗砚；诗草吟成锦字，烧竹煎茶。良友相聚，或解衣盘礴，或分韵角险，顷之貌出青山，吟成丽句，从旁品题之，大是开心事。

12.067

木枕傲，石枕冷，瓦枕粗，竹枕鸣。以藤为骨，以漆为肤，其背圆而滑，其额方而通。此蒙庄之蝶庵，华阳之睡几。

12.068

小桥月上，仰盼星光，浮云往来，掩映于牛渚之间，别是一种晚眺。

12.069

医俗病莫如书，赠酒狂莫如月。

12.070

明窗净几，好香苦茗，有时与高衲谈禅；豆棚菜圃，暖日和风，无事听友人说鬼。

12.071

花事乍开乍落，月色乍阴乍晴，兴未阑，踌躇搔首；诗篇半拙半工，酒态半醒半醉，身方健，潦倒放怀。

12.072

湾月宜寒潭，宜绝壁，宜高阁，宜平台，宜窗纱，宜帘钩，宜苔阶，宜花砌，宜小酌，宜清谈，宜长啸，宜独往，宜搔首，宜促膝。春月宜尊罍，夏月宜枕簟，秋月宜砧杵，冬月宜图书。楼月宜箫，江月宜笛，寺院月宜笙，书斋月宜琴。闺闱月宜纱橱，勾栏月宜弦索；关山月宜帆樯，沙场月宜刁斗。花月宜佳人，松月宜道者，萝月宜隐逸，桂月宜俊英；山月宜老衲，湖月宜良朋，风月宜杨柳，雪月宜梅花。片月宜花梢，宜楼头，宜浅水，宜杖藜，宜幽人，宜孤鸿。满月宜江边，宜苑内，宜绮筵，宜华灯，宜醉客，宜妙妓。

12.073

佛经云："细烧沉水，毋令见火。"此烧香三昧语。

12.074

石上藤萝，墙头薜荔，小窗幽致，绝胜深山，加以明月清风，物外之情，尽堪闲适。

12.075

出世之法，无如闭关。计一园手掌大，草木蒙茸，禽鱼往来，矮屋临水，展书匡坐，几于避秦，与人世隔。

12.076

山上须泉，径中须竹。读史不可无酒，谈禅不可无美人。

12.077

幽居虽非绝世，而一切使令供具交游晤对之事，似出世外。花为婢仆，鸟为笑谈；溪漱涧流代酒肴烹炼，书史作师保，竹石质友朋；雨声云影，松风萝月，为一时豪兴之歌舞。情景固浓，然亦清趣。

12.078

蓬窗夜启，月白于霜，渔火沙汀，寒星如聚。忘却客子作楚，但欣烟水留人。

12.079

无欲者其言清，无累者其言达。口耳异人，灵窍忽启，故曰不为俗情所染，方能说法度人。

12.080

临流晓坐，欸乃忽闻，山川之情，勃然不禁。

12.081

舞罢缠头何所赠，折得松钗；饮余酒债莫能偿，拾来榆荚。

12.082

午夜无人知处，明月催诗；三春有客来时，香风散酒。

12.083

如何清色界，一泓碧水含空；哪可断游踪，半砌青苔殢雨。村花路柳，游子衣上之尘；山雾江云，行李担头之色。

12.084

何处得真情？买笑不如买愁；谁人效死力？使功不如使过。

12.085

芒鞋甫挂，忽想翠微之色，两足复绕山云；兰棹方停，忽闻新涨之波，一叶仍飘烟水。

12.086

旨愈浓而情愈淡者，霜林之红树；臭愈近而神愈远者，秋水之白蘋。

12.087

龙女濯冰绡，一带水痕寒不耐；姮娥携宝药，半囊月魄影犹香。

12.088

山馆秋深，野鹤唳残清夜月；江园春暮，杜鹃啼断落花风。石洞寻真，绿玉嵌乌藤之仗；苔矶垂钓，红翎间白鹭之蓑。晚村人语，远归白社之烟；晓市花声，惊破红楼之梦。

12.089

案头峰石，四壁冷浸烟云，何与胸中丘壑；枕边溪涧，半榻寒生瀑布，争如舌底鸣泉。

12.090

扁舟空载，赢却关津不税愁；孤杖深穿，揽得烟云闲入梦。

12.091

幽堂昼密，清风忽来好伴；虚窗夜朗，明月不减故人。

12.092

晓入梁王之苑，雪满群山；夜登庾亮之楼，月明千里。

12.093

　　名妓翻经，老僧酿酒，书生借箸谈兵，介胄
登高作赋，羡他雅致偏增；屠门食素，狙侩论文，
厮养盛服，领缘方外，束修怀刺，令我风流顿减。

12.094

　　高卧酒楼，红日不催诗梦醒；漫书花榭，白云
恒带墨痕香。

12.095

　　相美人如相花，贵清艳而有若远若近之思；看
高人如看竹，贵潇洒而有不密不疏之致。

12.096

　　梅称清绝，多却罗浮一段妖魂；竹本萧疏，不
耐湘妃数点愁泪。

12.097

穷秀才生活，整日荒年；老山人出游，一派熟路。

12.098

眉端扬未得，庶几在山月吐时；眼界放开来，只好向水云深处。

12.099

刘伯伦携壶荷锸，死便埋我，真酒人哉；王武仲闭关护花，不许踏破，直花奴耳。

12.100

一声秋雨，一行秋雁，消不得一室清灯；一月春花，一池春草，绕乱却一生春梦。

12.101

天桃红杏，一时分付东风；翠竹黄花，从此永为闲伴。

12.102

花影零乱，香魂夜发，辗然而喜，烛既尽，不能寐也。

12.103

花阴流影，散为半院舞衣；水响飞音，听来一溪歌板。

12.104

一片秋色，能疗病客；半声春鸟，偏唤愁人。

12.105

会心之语，当以不解解之；无稽之言，是在不听听耳。

12.106

云落寒潭，涤尘容于水镜；月流深谷，拭淡黛于山妆。

12.107

寻芳者追深径之兰，识韵者穷深山之竹。

12.108

花间雨过，蜂粘几片蔷薇；柳下童归，香散数茎檐卜。

12.109

幽人到处烟霞冷，仙子来时云雨香。

12.110

落红点苔，可当锦褥；草香花媚，可当娇姬。草逆则山鹿溪鸥，鼓吹则水声鸟啭。毛褐为纨绮，山云作主宾，和根野菜，不让侯鲭；带叶柴门，奚输甲第。

12.111

野筑郊居，绰有规制。茅亭草舍，棘垣竹篱。构列无方，淡宕如画。花间红白，树无行款。徜徉洒落，何异仙居。

12.112

墨池寒欲结，冰分笔上之花；炉篆气初浮，不散帘前之雾。青山在门，白云当户，明月到窗，凉风拂座，胜地皆仙，五城十二楼，转觉多设。

12.113

何为声色俱清，曰松风水月，未足比其清华；何为神情俱彻，曰仙露明珠，讵能方其朗润。

12.114

"逸"字是山林关目，用于情趣，则清远多致；用于事务，则散漫无功。

12.115

宇宙虽宽，世途眇于鸟道；征逐日甚，人情浮比鱼蛮。

12.116

柳下舣舟，花间走马，观者之趣，倍个个中。

12.117

问人情何似，曰：野人多于地，春山半是云；问世事何似，曰：马上悬壶浆，刀头分顿肉。

12.118

尘情一破，便同鸡犬为仙；世法相拘，何异鹳鹅作阵。

12.119

清恐人知，奇足自赏。

12.120

与客倒金樽，醉来一榻，岂独客去为佳；有人知玉律，回车三调，何必相识乃再。笑元亮之逐客何迂，羡子猷之高情可赏。

12.121

高士岂尽无染？莲为君子，亦自出于污泥；丈夫但论操持，竹作正人，何妨犯以霜雪？

12.122

东郭先生之履，一贫从万古之清；山阴道士之经，片字收千金之重。

12.123

管辂请饮后言，名为酒胆；休文以吟致瘦，要是诗魔。

12.124

因花索句，胜他牍奏三千；为鹤谋粮，赢我田耕二顷。

12.125

至奇无惊，至美无艳。

12.126

瓶中插花，盆中养石，虽是寻常供具，实关幽人性情。若非得趣，个中布置，何能生致！

12.127

舌头无骨，得言语之总持；眼里有筋，具游戏之三昧。

12.128

湖海上浮家泛宅，烟霞五色足资粮；乾坤内狂客逸人，花鸟四时供啸咏。

12.129

养花，瓶亦须精良，譬如玉环、飞燕不可置之茅茨，嵇阮贺李不可请之店中。

12.130

才有力以胜蝶，本无心而引莺；半叶舒而岩暗，一花散而峰明。

12.131

玉槛连彩，粉壁迷明，动鲍照之诗兴，销王粲之忧情。

12.132

急不急之辨，不如养默；处不切之事，不如养静；助不直之举，不如养正；恣不禁之费，不如养福；好不情之察，不如养度；走不实之名，不如养晦；近不祥之人，不如养愚。

12.133

诚实以启人之信我，乐易以使人之亲我，虚己以听人之教我，恭己以取人之敬我，奋发以破人之量我，洞彻以备人之疑我，尽心以报人之托我，坚持以杜人之鄙我。

幽梦影

〔清〕 张潮 撰

中华书局

前　言

喧嚣之当下，如何安身立命的同时获得一份宁静、一份淡然？下班路上，晚饭之后，沏杯清茶，看看我们智慧的前辈如何耕读传家，如何经风历霜，不失为一件乐事。

菜根，本是食之无味、人皆弃之的东西，看惯宦海惊涛骇浪而归隐山林的明代人洪应明却认为"菜根中有真味"，从粗茶淡饭的日常中体悟如何面对命运过好生活，如何涉世如何待人，朴素而深远的生活智慧凝成《菜根谭》，流传后世。

明代文人陈继儒的清言小品《小窗幽记》，用清新晓畅的话语、独中肯綮的格调，谈景谈人，聊情聊韵，既有儒家之积极入世，也见道佛的清虚超凡，还有浓浓的美丽。

清人王永彬寒夜与家人围炉而坐，烧煨山芋之时，火光映照下与儿孙悠悠而聊家常人生之温馨宁静，娓娓而谈父慈子孝的伦理之乐、修身立命的处世哲学，得佳句随手记之，终成经典的格言家训——《围炉夜话》。

天资聪颖、博通经史的清人张潮则将自己读书作画、谈禅论道、悠游山水、饮酒交游的生活雅趣浓缩在《幽梦影》中，林语堂评价："这是一部文艺的格言集，这一类的集子在中国很多，可没有一部可和张潮自己所写的相比拟。"

这四部流传几百年的经典之作，饱含着处世的智慧和生活的美学，《菜根谭》《围炉夜话》与《小窗幽记》，更被誉为古代"处世三大奇书"。这四部箴言小品，精致典雅，言简意赅，文风清新晓畅。今将它们纂集在一起，命名为《处世妙品》，希望它可以使您冲淡平和地面对人生，能助您发现平凡生活中不易觉察的美好，修己立身，进退有度，在纷繁的世界中找到个人的精神追求，活出率真的自己。

茶，细细品；路，悠悠走；书，慢慢读。阅读变为悦读，生活化为乐活。

中华书局编辑部

2020 年 7 月

目录

序　一

余穷经读史之余，好览稗官小说，自唐以来不下数百种。不但可以备考遗志，亦可以增长意识。如游名山大川者，必探断崖绝壑；玩乔松古柏者，必采秀草幽花，使耳目一新，襟情怡宕。此非头巾褫襮、章句腐儒之所知也。故余于咏诗譔文之暇，笔录古轶事、今新闻，自少至老，杂著数十种，如《说史》《说诗》《党鉴》《盈鉴》《东山谈苑》《汗青余语》《砚林》《不妄语述》《茶史补》《四莲花斋杂录》《曼翁漫录》《禅林漫录》《读史浮白集》《古今书字辨讹》《秋雪丛谈》《金陵野抄》之类，虽未雕版问世，而友人借抄，几遍东南诸郡，直可傲子云而睨君山矣！

天都张仲子心斋，家积缥缃，胸罗星宿，笔花缭绕，墨沈淋漓。其所著述，与余旗鼓相当，争奇斗富，如孙伯符与太史子义相遇于神亭；又如石崇、王恺击碎珊瑚时也。其《幽梦影》一书，尤多格言妙论，言人之所不能言，道人之所未经道。展味低徊，似餐帝浆沆瀣，听钧天之广乐，不知此身在下方尘世矣。至如"律己宜带秋气，处世宜带春气""婢可以当奴，奴不可以当婢""无损于世谓之善人，有害于世谓之恶人""寻乐境乃学仙，避苦境乃学佛"，超超玄箸，绝胜支，许清谈。人当镂心铭肺，岂止佩韦书绅而已哉！

鬘持老人余怀广霞制

序　二

　　心斋著书满家，皆含经咀史，自出机杼，卓然可传。是编是其一脔片羽，然三才之理，万物之情，古今人事之变，皆在是矣。

　　顾题之以"梦"且"影"云者，吾闻海外有国焉，夜长而昼短，以昼之所为为幻，以梦之所遇为真；又闻人有恶其影而欲逃之者。然则梦也者，乃其所以为觉；影也者，乃其所以为形也耶？

　　廋辞讔语，言无罪而闻足戒，是则心斋所为尽心焉者也。读是编也，其亦可以闻破梦之钟，而就阴以息影也夫！

江东同学弟孙致弥题

序　三

　　张心斋先生，家自黄山，才奔陆海。楠榴赋就，锦月投怀；芍药词成，繁花作馔。苏子瞻"十三楼外"，景物犹然；杜牧之"廿四桥头"，流风仍在。静能见性，洵哉人我不间而喜嗔不形！弱仅胜衣，或者清虚日来而滓秽日去。怜才惜玉，心是灵犀；绣腹锦胸，身同丹凤。花间选句，尽来珠玉之音；月下题词，已满珊瑚之笥。岂如兰台作赋，仅别东西；漆园著书，徒分内外而已哉！

　　然而繁文艳语，止才子余能；而卓识奇思，诚词人本色。若夫舒性情而为著述，缘阅历以作篇章，清如梵室之钟，令人猛省；响若尼山之铎，别有深思。则《幽梦影》一书，余诚不能已于手舞足蹈、心旷神怡也！其云"益人谓善，害物谓恶"，咸仿佛乎外王内圣之言；又谓"律己宜秋，处世宜春"，亦陶镕乎诚意正心之旨。他如片花寸草，均有会心；遥水近山，不遗玄想。息机物外，古人之糟粕不论；信手拈时，造化之精微入悟。湖山乘兴，尽可投囊；风月维谈，兼供挥麈。金绳觉路，宏开入梦之毫；宝筏迷津，直渡广长之舌。以风流为道学，寓教化于诙谐。

为色为空，知犹有这个在；如梦如影，且应做如是观。

湖上晦村学人石庞序

序　四

记曰："和顺积于中，英华发于外。"

凡文人之立言，皆英华之发于外者也。无不本乎中之积，而适与其人肖焉。是故其人贤者，其言雅；其人哲者，其言快；其人高者，其言爽；其人达者，其言旷；其人奇者，其言创；其人韵者，其言多情思。张子所云：对渊博友如读异书，对风雅友如读名人诗文，对谨饬友如读圣贤经传，对滑稽友如阅传奇小说。正此意也。

彼在昔立言之人，到今传者，岂徒传其言哉！传其人而已矣。今举集中之言，有快若并州之剪，有爽若哀家之梨，有雅若钧天之奏，有旷若空谷之音；创者则如新锦出机，多情则如游丝袅树。以为贤人可也，以为达人、奇人可也，以为哲人可也。譬之瀛洲之木，日中视之，一叶百形。张子以一人而兼众妙，其殆瀛木之影欤？

然则阅乎此一编，不啻与张子晤对，罄彼我之怀！又奚俟梦中相寻，以致迷不知路，中道而返哉！

　　　　　　　　同学弟松溪王　拜题

　　读经宜冬，其神专也；读史宜夏，其时久也；读诸子宜秋，其致别也；读诸集宜春，其机畅也。

　　曹秋岳曰：可想见其南面百城时。

　　庞笔奴曰：读《幽梦影》，则春夏秋冬，无时不宜。

002

经传宜独坐读，史鉴宜与友共读。

孙恺似曰：深得此中真趣，固难为不知者道。

王景州曰：如无好友，即红友亦可。

二

无善无恶是圣人。如帝力何有于我；杀之而不怨，利之而不庸；以直报怨，以德报德；一介不与，一介不取之类。善多恶少是贤者。如颜子不贰过，有不善未尝不知；子路人告有过则喜之类。善少恶多是庸人。有恶无善是小人。其偶为善处，亦必有所为。有善无恶是仙佛。其所谓善，亦非吾儒之所谓善也。

黄九烟曰：今人一介不与者甚多，普天之下，皆半边圣人也。利之不庸者，亦复不少。

江含徵曰：先恶后善，是回头人；先善后恶，是两截人。

殷日戒曰：貌善而心恶者，是奸人，亦当分别。

冒青若曰：昔人云："善可为而不可为。"唐解元诗云："善亦懒为何况恶。"当于有无多少中更进一层。

天下有一人知己，可以不恨。不独人也，物亦有之，如菊以渊明为知己，梅以和靖为知己，竹以子猷为知己，莲以濂溪为知己，桃以避秦人为知己，杏以董奉为知己，石以米颠为知己，荔枝以太真为知己，茶以卢仝、陆羽为知己，香草以灵均为知己，莼鲈以季鹰为知己，蕉以怀素为知己，瓜以邵平为知己，鸡以处宗为知己，鹅以右军为知己，鼓以祢衡为知己，琵琶以明妃为知己。一与之订，千秋不移。若松之于秦始，鹤之于卫懿，正可谓不可与作缘者也。

查二瞻曰：此非松鹤有求于秦始、卫懿，不幸为其所近，欲避之而不能耳。

殷日戒曰：二君究非知松鹤者，然亦无损其为松鹤。

周星远曰：鹤于卫懿，犹当感思。至吕政五大夫之爵，直是唐突十八公耳。

王名友曰：松遇封，鹤乘轩，还是知己。世间尚有劚松煮鹤者，此又秦卫之罪人也。

张竹坡曰：人中无知己，而下求于物，是物幸而人不幸矣；物不遇知己，而滥用于人，是人快而物不快矣。可见知己之难。知其难，方能知其乐。

为月忧云，为书忧蠹，为花忧风雨，为才子佳人忧命薄，真是菩萨心肠。

余淡心曰：洵如君言，亦安有乐时耶？

孙松坪曰：所谓君子有终身之忧者耶？

黄交三曰："为才子佳人忧命薄"一语，真令人泪湿青衫。

张竹坡曰：第四忧，恐命薄者消受不起。

江含徵曰：我读此书时，不免为蟹忧雾。

竹坡又曰：江子此言，直是为自己忧蟹耳。

尤悔庵曰：杞人忧天，嫠妇忧国，无乃类是。

花不可以无蝶，山不可以无泉，石不可以无苔，水不可以无藻，乔木不可以无藤萝，人不可以无癖。

黄石间曰："事到可传皆具癖"，正谓此耳。

孙松坪曰：和长舆却未许藉口。

春听鸟声，夏听蝉声，秋听虫声，冬听雪声。白昼听棋声，月下听箫声，山中听松声，水际听欸乃声，方不虚生此耳。若恶少斥辱，悍妻诟谇，真不若耳聋也。

黄仙裳曰：此诸种声颇易得，在人能领略耳。

朱菊山曰：山老所居，乃城市山林，故其言如此。若我辈日在广陵城市中，求一鸟声，不啻如凤凰之鸣，顾可易言耶？

释中洲曰：昔文殊选二十五位圆通，以普门耳根为第一。今心斋居士耳根不减普门，吾他日选圆通，自当以心斋为第一矣。

张竹坡曰：久客者，欲听儿辈读书声，了不可得。

张迂庵曰：可见对恶少、悍妻，尚不若日与禽虫周旋也。又曰：读此方知先生耳聋之妙。

上元须酌豪友，端午须酌丽友，七夕须酌韵友，中秋须酌淡友，重九须酌逸友。

朱菊山曰：我于诸友中，当何所属耶？

王武徵曰：君当在豪与韵之间耳。

王名友曰：维扬丽友多，豪友少，韵友更少，至于淡友、逸友，则削迹矣。

张竹坡曰：诸友易得，发心酌之者为难能耳。

顾天石曰：除夕须酌不得意之友。

徐砚谷曰：惟我则无时不可酌耳。

尤谨庸曰：上元酌灯，端午酌彩丝，七夕酌双星，中秋酌月，重九酌菊，则吾友俱备矣。

009

鳞虫中金鱼，羽虫中紫燕，可云物类神仙。正如东方曼倩避世金马门，人不得而害之。

江含徵曰：金鱼之所以免汤镬者，以其色胜而味苦耳。昔人有以重价觅奇特者，以馈邑侯。邑侯他日谓之曰："贤所赠花鱼殊无味。"盖已烹之矣。世岂少削圆方竹杖者哉？

入世须学东方曼倩，出世须学佛印了元。

江含徵曰：武帝高明喜杀，而曼倩能免于死者，亦全赖吃了长生酒耳。

殷日戒曰：曼倩诗有云："依隐玩世，诡时不逢。"以其所以免死也。

石天外曰：入得世，然后出得世。入世、出世打成一片，方有得心应手处。

赏花宜对佳人，醉月宜对韵人，映雪宜对高人。

余淡心曰：花即佳人，月即韵人，雪即高人。既已赏花醉月映雪，即与对佳人、韵人、高人无异也。

江含徵曰：若对此君仍大嚼，世间哪有扬州鹤？

张竹坡曰：聚花、月、雪于一时，合佳、韵、高为一人，吾当不赏而心醉矣。

对渊博友，如读异书；对风雅友，如读名人诗文；对谨饬友，如读圣贤经传；对滑稽友，如阅传奇小说。

李圣许曰：读这几种书，亦如对这几种友矣。

张竹坡曰：善于读书取友之言。

楷书须如文人，草书须如名将，行书介乎二者之间，如羊叔子缓带轻裘，正是佳处。

程羼老曰：心斋不工书法，乃解作此语耶？

张竹坡曰：所以羲之必做右将军。

人须求可入诗，物须求可入画。

龚半千曰：物之不可入画者，猪也，阿堵物也，恶少年也。

张竹坡曰：诗亦求可见得人，画亦求可像个物。

石天外曰：人须求可入画，物须求可入诗，亦妙。

少年人须有老成之识见，老成人须有少年之襟怀。

江含徵曰：今之钟鸣漏尽、白发盈头者，若多收几斛麦，便欲置侧室，岂非有少年襟怀耶？独是少年老成者少耳。

张竹坡曰：十七八岁便有妾，亦居然少年老成。

李若金曰：老而腐板，定非豪杰。

王司直曰：如此方不使岁月弄人。

春者天之本怀，秋者天之别调。

石天外曰：此是透彻性命关头语。

袁中江曰：得春气者，人之本怀；得秋气者，人之别调。

尤悔庵曰：夏者天之客气，冬者天之素风。

陆云士曰：和神当春，清节为秋，天在人中矣。

017

昔人云："若无花月美人，不愿生此世界。"予益一语云："若无翰墨棋酒，不必定作人身。"

殷日戒曰：枉为人身生在世界者，急宜猛省。

顾天石曰：海外诸国，决无翰墨棋酒。即有，亦不与吾同，一般有人，何也？

胡会来曰：若无豪杰文人，亦不须要此世界。

愿在木而为樗，不才，终其天年。愿在草而为蓍，前知。愿在鸟而为鸥，忘机。愿在兽而为麃，触邪。愿在虫而为蝶，花间栩栩。愿在鱼而为鲲。逍遥游。

吴菌次曰：较之《闲情》一赋，所愿更自不同。

郑破水曰：我愿生生世世为顽石。

尤悔庵曰：第一大愿。又曰：愿在人而为梦。

尤慧珠曰：我亦有大愿，愿在梦而为影。

弟木山曰：前四愿皆是相反，盖前知则必多才，忘机则不能触邪也。

黄九烟先生云："古今人必有其偶双，千古而无偶者，其惟盘古乎！"予谓盘古亦未尝无偶，但我辈不及见耳。其人为谁？即此劫尽时最后一人是也。

孙松坪曰：如此眼光，何尝出牛背上耶？

洪秋士曰：偶亦不必定是两人，有三人为偶者，有四人为偶者，有五六七八人为偶者。是又不可不知。

古人以冬为三余，予谓当以夏为三余：晨起者夜之余，夜坐者昼之余，午睡者应酬人事之余。古人诗云："我爱夏日长。"洵不诬也。

张竹坡曰：眼前问冬夏皆有余者，能几人乎？

张迂庵曰：此当是先生辛未年以前语。

庄周梦为蝴蝶，庄周之幸也；蝴蝶梦为庄周，蝴蝶之不幸也。

黄九烟曰：惟庄周乃能梦为蝴蝶，惟蝴蝶乃能梦为庄周耳。若世之扰扰红尘者，其能有此等梦乎？

孙恺似曰：君于梦之中，又占其梦耶？

江含徵曰：周之喜梦为蝴蝶者，以其入花深也。若梦甫酣而乍醒，则又如嗜酒者梦赴席，而为妻惊醒，不得不痛加诟谇矣。

张竹坡曰：我何不幸而为蝴蝶之梦者！

艺花可以邀蝶，累石可以邀云，栽松可以邀风，贮水可以邀萍，筑台可以邀月，种蕉可以邀雨，植柳可以邀蝉。

曹秋岳曰：藏书可以邀友。

崔莲峰曰：酿酒可以邀我。

尤艮斋曰：安得此贤主人？

尤慧珠曰：贤主人非心斋而谁乎？

倪永清曰：选诗可以邀谤。

陆云士曰：积德可以邀天，力耕可以邀地，乃无意相邀而若邀之者，与邀名邀利者迥异。

庞天池曰：不仁可以邀富。

景有言之极幽而实萧索者，烟雨也；境有言之极雅而实难堪者，贫病也；声有言之极韵而实粗鄙者，卖花声也。

谢海翁曰：物有言之极俗而实可爱者，阿堵物也。

张竹坡曰：我幸得极雅之境。

才子而富贵，定从福慧双修得来。

冒青若曰：才子富贵难兼，若能运用富贵，才是才子，才是福慧双修。世岂无才子而富贵者乎？徒自贪着，无济于人，仍是有福无慧。

陈鹤山曰：释氏云："修福不修慧，象身挂璎珞。修慧不修福，罗汉供应薄。"正以其难兼耳。山翁发为此论，直是夫子自道。

江含徵曰：宁可拼一副菜园肚皮，不可有一副酒肉面孔。

新月恨其易沉，缺月恨其迟上。

孔东塘曰：我唯以月之迟早为睡之迟早耳。

孙松坪曰：第勿使浮云点缀尘滓太清，足矣。

冒青若曰：天道忌盈，沉与迟，请君勿恨。

张竹坡曰：易沉迟上，可以卜君子之进退。

躬耕吾所不能，学灌园而已矣；樵薪吾所不能，学薙草而已矣。

汪扶晨曰：不为老农而为老圃，可云半个樊迟。

释菌人曰：以灌园、薙草自任自待，可谓不薄。然笔端隐隐有"非其种者锄而去之"之意。

王司直曰：予自名为识字农夫，得毋妄甚？

027

一恨书囊易蛀，二恨夏夜有蚊，三恨月台易漏，四恨菊叶多焦，五恨松多大蚁，六恨竹多落叶，七恨桂荷易谢，八恨薜萝藏虺，九恨架花生刺，十恨河豚多毒。

江药庵曰：黄山松并无大蚁，可以不恨。

张竹坡曰：安得诸恨物尽有黄山乎？

石天外曰：予另有二恨：一曰才人无行，二曰佳人薄命。

二八

楼上看山，城头看雪，灯前看月，舟中看霞，月下看美人，另是一番情境。

江允凝曰：黄山看云，更佳。

倪永清曰：做官时看进士，分金处看文人。

毕右万曰：予每于雨后看柳，觉尘襟俱涤。

尤谨庸曰：山上看雪，雪中看花，花中看美人，亦可。

山之光，水之声，月之色，花之香，文人之韵致，美人之姿态，皆无可名状，无可执著，真足以摄召魂梦，颠倒情思。

吴街南曰：以极有韵致之文人，与极有姿态之美人，共坐于山水花月间，不知此时魂梦何如？情思何如？

假使梦能自主，虽千里无难命驾，可不羡长房之缩地；死者可以晤对，可不需少君之招魂；五岳可以卧游，可不俟婚嫁之尽毕。

黄九烟曰：予尝谓鬼有时胜于人，正以其能自主耳。

江含徵曰：吾恐"上穷碧落下黄泉，两地茫茫皆不见"也。

张竹坡曰：梦魂能自主，则可一生死，通人鬼，真见道之言也。

　　昭君以和亲而显，刘蕡以下第而传，可谓之不幸，不可谓之缺陷。

　　江含徵曰：若故折黄雀腿而后医之，亦不可。

　　尤悔庵曰：不然，一老宫人，一低进士耳。

以爱花之心爱美人，则领略自饶别趣；以爱美人之心爱花，则护惜倍有深情。

冒辟疆曰：能如此，方是真领略、真护惜也。

张竹坡曰：花与美人何幸，遇此东君！

033

美人之胜于花者，解语也；花之胜于美人者，生香也。二者不可得兼，舍生香而取解语者也。

王勿翦曰：飞燕吹气若兰，合德体自生香，薛瑶英肌肉皆香，则美人又何尝不生香也。

窗内人于窗纸上作字，吾于窗外观之，极佳。

江含徵曰：若索债人于窗外纸上画，吾且望之却走矣。

少年读书，如隙中窥月；中年读书，如庭中望月；老年读书，如台上玩月。皆以阅历之浅深，为所得之浅深耳。

黄交三曰：真能知读书痛痒者也。

张竹坡曰：吾叔此论，直置身广寒宫里，下视大千世界，皆清光似水矣。

毕右万曰：吾以为学道亦有浅深之别。

　　吾欲致书雨师：春雨宜始于上元节后，观灯已毕。至清明十日前之内雨止桃开。及谷雨节中；夏雨宜于每月上弦之前及下弦之后；免碍于月。秋雨宜于孟秋、季秋之上下二旬；八月为玩月胜境。至若三冬，正可不必雨也。

　　孔东塘曰：君若果有此牍，吾愿作致书邮也。

　　余生生曰：使天而雨粟，虽自元旦雨至除夕，亦未为不可。

　　张竹坡曰：此书独不可致于巫山雨师。

为浊富，不若为清贫；以忧生，不若以乐死。

李圣许曰：顺理而生，虽忧不忧；逆理而死，虽乐不乐。

吴野人曰：我宁愿为浊富。

张竹坡曰：我愿太奢，欲为清富，焉能遂愿！

天下唯鬼最富，生前囊无一文，死后每饶楮锭；天下唯鬼最尊，生前或受欺凌，死后必多跪拜。

吴野人曰：世于贫士，辄目为穷鬼，则又何也？

陈康畴曰：穷鬼若死，即并称尊矣。

蝶为才子之化身，花乃美人之别号。

张竹坡曰："蝶入花房香满衣"，是反以金屋
贮才子矣。

因雪想高士，因花想美人，因酒想侠客，因月想好友，因山水想得意诗文。

弟木山曰：余每见人一长一技，即思效之；虽至琐屑，亦不厌也。大约是爱博而情不专。

张竹坡曰：多情语，令人泣下。

尤谨庸曰：因得意诗文想心斋矣。

李季子曰：此善于设想者。

陆云士曰：临川谓"想内成，因中见"，与此相发。

闻鹅声如在白门，闻橹声如在三吴，闻滩声如在浙江，闻羸马项下铃铎声，如在长安道上。

聂晋人曰：南无观世音菩萨摩诃萨！

倪永清曰：众音寂灭时，又作么生话会。

一岁诸节，以上元为第一，中秋次之，五日、九日又次之。

张竹坡曰：一岁当以我畅意日为佳节。

顾天石曰：跻上元于中秋之上，未免尚耽绮习。

雨之为物，能令昼短，能令夜长。

张竹坡曰：雨之为物，能令天闭眼，能令地生毛，能为水国广封疆。

古之不传于今者，啸也、剑术也、弹棋也、打球也。

黄九烟曰：古之绝胜于今者，官妓、女道士也。

张竹坡曰：今之绝胜于古者，能吏也、猾棍也、无耻也。

庞天池曰：今之必不能传于后者，八股也。

诗僧时复有之，若道士之能诗者，不啻空谷足音，何也？

毕右万曰：僧道能诗，亦非难事。但惜僧道不知禅玄耳。

顾天石曰：道于三教中原属第三，应是根器最钝人做，哪得会诗？轩辕弥明，昌黎寓言耳。

尤谨庸曰：僧家势利第一，能诗次之。

倪永清曰：我所恨者，辟谷之法不传。

046

当为花中之萱草，毋为鸟中之杜鹃。

047

物之稚者皆不可厌，惟驴独否。

黄略似曰：物之老者皆可厌，惟松与梅则否。

倪永清曰：惟癖于驴者，则不厌之。

048

女子自十四五岁至二十四五岁，此十年中，无论燕秦吴越，其音大都娇媚动人。一睹其貌，则美恶判然矣。"耳闻不如目见"，于此益信。

吴听翁曰：我向以耳根之有余，补目力之不足。今读此，乃知卿言亦复佳也。

江含徵曰：帘为妓衣，亦殊有见。

张竹坡曰：家有少年丑婢者，当令隔屏私语、灭烛侍寝，何如？

倪永清曰：若逢美貌而声恶者，又当如何？

　　寻乐境，乃学仙；避苦趣，乃学佛。佛家所谓极乐世界者，盖谓众苦之所不到也。

　　江含徵曰：着败絮行荆棘中，固是苦事；彼披忍辱铠者，亦未得优游自到也。

　　陆云士曰：空诸所有，受即是空，其为苦乐，不足言矣。故学佛优于学仙。

富贵而劳悴，不若安闲之贫贱；贫贱而骄傲，不若谦恭之富贵。

曹实庵曰：富贵而又安闲，自能谦恭也。

许师六曰：富贵而又谦恭，乃能安闲耳。

张竹坡曰：谦恭安闲，乃能长富贵也。

张迂庵曰：安闲乃能骄傲，劳悴则必谦恭。

目不能自见，鼻不能自嗅，舌不能自舐，手不能自握，惟耳能自闻其声。

弟木山曰：岂不闻"心不在焉，听而不闻"乎？兄其诳我哉。

张竹坡曰：心能自信。

释师昂曰：古德云："眉与目不相识，只为太近。"

凡声皆宜远听，惟听琴则远近皆宜。

王名友曰：松涛声、瀑布声、箫笛声、潮声、
读书声、钟声、梵声，皆宜远听。惟琴声、度曲
声、雪声，非至近，不能得其离合抑扬之妙。

庞天池曰：凡色皆宜近看，惟山色远近皆宜。

目不能识字，其闷尤过于盲；手不能执管，其苦更甚于哑。

陈鹤山曰：君独未知今之不识字、不握管者，其乐尤过于不盲不哑者也。

并头联句，交颈论文，宫中应制，历使属国，皆极人间乐事。

狄立人曰：既已并头交颈，即欲联句论文，恐亦有所不暇。

汪舟次曰：历使属国，殊不易易。

孙松坪曰：邯郸旧梦，对此惘然。

张竹坡曰：并头交颈，乐事也；联句论文，亦乐事也。是以两乐并为一乐者，则当以两夜并一夜方妙。然其乐一刻，胜于一日矣。

沈契掌曰：恐天亦见妒。

《水浒传》武松诘蒋门神云："为何不姓李？"此语殊妙，盖姓实有佳有劣。如华、如柳、如云、如苏、如乔，皆极风韵；若夫毛也、赖也、焦也、牛也，则皆尘于目而棘于耳者也。

先渭求曰：然则君为何不姓李耶？

张竹坡曰：止闻今张昔李，不闻今李昔张也。

花之宜于目而复宜于鼻者，梅也、菊也、兰也、水仙也、珠兰也、莲也。止宜于鼻者，橼也、桂也、瑞香也、栀子也、茉莉也、木香也、玫瑰也、腊梅也。余则皆宜于目者也。花与叶俱可观者，秋海棠为最，荷次之，海棠、酴醾、虞美人、水仙又次之。叶胜于花者，止雁来红、美人蕉而已。花与叶俱不足观者，紫薇也、辛夷也。

周星远曰：山老可当花阵一面。

张竹坡曰：以一叶而能胜诸花者，此君也。

　　高语山林者，辄不善谈市朝事，审若此，则当
并废《史》《汉》诸书而不读矣。盖诸书所载者，
皆古之市朝也。

　　张竹坡曰：高语者，必是虚声处士；真入山
者，方能经纶市朝。

云之为物，或崔巍如山，或潋滟如水，或如人，或如兽，或如鸟罴，或如鱼鳞。故天下万物皆可画，惟云不能画。世所画云，亦强名耳。

何蔚宗曰：天下百官皆可做，惟教官不可做虞，做教官者，皆谪戍耳。

张竹坡曰：云有反面正面，有阴阳向背，有层次内外，细观其与日相映，则知其明处乃一面，暗处又一面。尝谓古今无一画云手，不谓《幽梦影》中先得我心。

值太平世，生湖山郡；官长廉静，家道优裕；娶妇贤淑，生子聪慧。人生如此，可云全福。

许筱林曰：若以粗笨愚蠢之人当之，则负却造物。

江含徵曰：此是黑面老子要思量做鬼处。

吴岱观曰：过屠门而大嚼，虽不得肉，亦且快意。

李荔园曰：贤淑聪慧，尤贵永年，否则福不全。

天下器玩之类，其制日工，其价日贱，毋惑乎
民之贫也。

张竹坡曰：由于民贫，故益工而益贱。若不
贫，如何肯贱？

养花胆瓶，其式之高低大小，须与花相称；而色之浅深浓淡，又须与花相反。

程穆倩曰：足补袁中郎《瓶史》所未逮。

张竹坡曰：夫如此，有不甘去南枝而生香于几案之右者乎？名花心足矣。

王宓草曰：须知相反者，正欲其相称也。

春雨如恩诏，夏雨如赦书，秋雨如挽歌。

张谐石曰：我辈居恒苦饥，但愿夏雨如馒头耳。

张竹坡曰：赦书太多，亦不甚妙。

十岁为神童，二十三十为才子，四十五十为名臣，六十为神仙，可谓全人矣。

江含徵曰：此却不可知，盖神童原有仙骨故也。只恐中间做名臣时，堕落名利场中耳。

杨圣藻曰：人孰不想，难得有此全福。

张竹坡曰：神童才子，由于己，可能也；臣由于君，仙由于天，不可必也。

顾天石曰：六十神仙，似乎太早。

武人不苟战，是为武中之文；文人不迂腐，是为文中之武。

梅定九曰：近日文人不迂腐者颇多，心斋亦其一也。

顾天石曰：然则心斋直谓之武夫可乎？笑笑。

王司直曰：是真文人，必不迂腐。

　　文人讲武事，大都纸上谈兵；武将论文章，半属道听途说。

　　吴街南曰：今之武将讲武事，亦属纸上谈兵。今之文人论文章，大都道听途说。

斗方止三种可取：佳诗文一也，新题目二也，精款式三也。

闵宾连曰：近年斗方名士甚多，不知能入吾心斋觳中否也？

情必近于痴而始真，才必兼乎趣而始化。

陆云士曰：真情种，真才子，能为此言。

顾天石曰：才兼乎趣，非心斋不足当之。

尤慧珠曰：余情而痴则有之，才而趣则未
能也。

凡花色之娇媚者，多不甚香；瓣之千层者，多不结实。甚矣，全才之难也！兼之者，其惟莲乎？

殷日戒曰：花叶根实，无所不空，亦无不适于用，莲则全有其德者也。

贯玉曰：莲花易谢，所谓有全才而无全福也。

王丹麓曰：我欲荔枝有好花，牡丹有佳实，方妙。

尤谨庸曰：全才必为人所忌，莲花故名君子。

著得一部新书，便是千秋大业；注得一部古书，允为万世宏功。

黄交三曰：世间难事，注书第一。大要于极寻常书，要看出作者苦心。

张竹坡曰：注书无难，天使人得安居无累，有可以注书之时与地为难耳。

延名师训子弟，入名山习举业，丐名士代捉刀，三者都无是处。

陈康畴曰：大抵名而已矣，好歹原未必着意。

殷日戒曰：况今之所谓名乎？

积画以成字，积字以成句，积句以成篇，谓之文。文体日增，至八股而遂止。如古文，如诗，如赋，如词，如曲，如说部，如传奇小说，皆自无而有。方其未有之时，固不料后来之有此一体也；逮既有此一体之后，又若天造地设，为世必应有之物。然自明以来，未见有创一体裁新人耳目者。遥计百年之后，必有其人，惜乎不及见耳。

陈康畴曰：天下事从意起，山来今日既作此想，安知其来生不即为此辈翻新之士乎？惜乎今人不及知耳。

陈鹤山曰：此是先生应以创体身得度者，即现创体身而为设法。

孙恺似曰：读《心斋别集》，拈四子书题，以五七言韵体行之，无不入妙，叹其独绝。此则直可当先生自序也。

张竹坡曰：见及于此，是必能创之者，吾拭目以待新裁。

073

云映日而成霞，泉挂岩而成瀑，所托者异，而名亦因之。此友道之所以可贵也。

张竹坡曰：非日而云不映，非岩而泉不挂。此友道之所以当择也。

七一

大家之文，吾爱之慕之，吾愿学之；名家之文，吾爱之慕之，吾不敢学之。学大家而不得，所谓刻鹄不成尚类鹜也；学名家而不得，则是画虎不成反类狗矣。

黄旧樵曰：我则异于是，最恶世之貌为大家者。

殷日戒曰：彼不曾闻其藩篱，乌能窥其闳奥？只说得隔壁话耳。

张竹坡曰：今人读得一两句名家，便自称大家矣。

由戒得定，由定得慧，勉强渐近自然；炼精化气，炼气化神，清虚有何渣滓？

袁中江曰：此二氏之学也，吾儒何独不然？

陆云士曰：《楞严经》《参同契》精义尽涵在内。

尤悔庵曰：极平常语，然道在是矣。

　　南北东西，一定之位也；前后左右，无定之
位也。

　　张竹坡曰：闻天地昼夜旋转，则此东西南北，
亦无定之位也。或者天地外贮此天地者，当有一
定耳。

　　予尝谓二氏不可废，非袭夫大养济院之陈言也。盖名山胜境，我辈每思褰裳就之。使非琳宫梵刹，则倦时无可驻足，饥时谁与授餐？忽有疾风暴雨，五大夫果真足恃乎？又或丘壑深邃，非一日可了，岂能露宿以待明日乎？虎豹蛇虺，能保其不为人患乎？又或为士大夫所有，果能不问主人，任我之登陟凭吊而莫之禁乎？不特此也，甲之所有，乙思起而夺之，是启争端也。祖父之所创建，子孙贫，力不能修葺，其倾颓之状，反足令山川减色矣。

　　然此特就名山胜境言之耳。即城市之内，与夫四达之衢，亦不可少此一种。客游可作居停，一也；长途可以稍憩，二也；夏之茗，冬之姜汤，复可以济役夫负戴之困，三也。凡此皆就事理言之，非二氏福报之说也。

释中洲曰：此论一出，量无悭檀越矣。

张竹坡曰：如此处置此辈甚妥。但不得令其于人家丧事诵经，吉事拜忏；装金为像，铸铜作身；房如宫殿，器御钟鼓，动说因果。虽饮酒食肉，娶妻生子，总无不可。

石天外曰：天地生气，大抵五十年一聚。生气一聚，必有刀兵、饥馑、瘟疫，以收其生气。此古今一治一乱必然之数也。自佛入中国，用剃度出家法绝其后嗣，天地盖欲以佛节古今之生气也。所以唐、宋、元、明以来，剃度者多，而刀兵劫数稍减于春秋、战国、秦汉诸时也。然则佛氏且未必无功于天地，宁特人类已哉？

虽不善书，而笔砚不可不精；虽不业医，而验方不可不存；虽不工弈，而楸枰不可不备。

江含徵曰：虽不善饮，而良酿不可不藏。此坡仙之所以为坡仙也。

顾天石曰：虽不好色，而美女妖童不可不蓄。

毕右万曰：虽不习武，而弓矢不可不张。

方外不必戒酒，但须戒俗；红裙不必通文，但须得趣。

朱其恭曰：以不戒酒之方外，遇不通文之红裙，必有可观。

陈定九曰：我不善饮，而方外不饮酒者誓不与之语；红裙若不识趣，亦不乐与近。

释浮村曰：得居士此论，我辈可放心豪饮矣。

弟东圃曰：方外并戒了化缘方妙。

梅边之石宜古，松下之石宜拙，竹旁之石宜瘦，盆内之石宜巧。

周星远曰：论石至此，直可作九品中正。

释中洲曰：位置相当，足见胸次。

律己宜带秋气，处世宜带春气。

孙松楸曰：君子所以有矜群而无争党也。

胡静夫曰：合夷惠为一人，吾愿亲炙之。

尤悔庵曰：皮里春秋。

厌催租之败意，亟宜早早完粮；喜老衲之谈禅，难免常常布施。

释中洲曰：居士辈之实情，吾僧家之私冀，直被一笔写出矣。

瞎尊者曰：我不会谈禅，亦不敢妄求布施，惟闲写青山卖耳。

松下听琴，月下听箫，涧边听瀑布，山中听梵呗，觉耳中别有不同。

张竹坡曰：其不同处，有难于向不知者道。

倪永清曰：识得"不同"二字，方许享此清听。

083

月下听禅，旨趣益远；月下说剑，肝胆益真；月下论诗，风致益幽；月下对美人，情意益笃。

袁士旦曰：溽暑中赴华筵，冰雪中应考试，阴雨中对道学先生，与此况味何如？

有地上之山水，有画上之山水，有梦中之山水，有胸中之山水。地上者妙在丘壑深邃，画上者妙在笔墨淋漓，梦中者妙在景象变幻，胸中者妙在位置自如。

周星远曰：心斋《幽梦影》中文字，其妙亦在景象变幻。

殷日戒曰：若诗文中之山水，其幽深变幻，更不可名状。

江含徵曰：但不可有面上之山水。

余香祖曰：余境况不佳，水穷山尽矣。

一日之计种蕉，一岁之计种竹，十年之计种柳，百年之计种松。

周星远曰：千秋之计，其著书乎？

张竹坡曰：百世之计种德。

春雨宜读书，夏雨宜弈棋，秋雨宜检藏，冬雨宜饮酒。

周星远曰：四时惟秋雨最难听。然予谓无分今雨旧雨，听之要皆宜于饮也。

诗文之体得秋气为佳，词曲之体得春气为佳。

江含徵曰：调有惨淡悲伤者，亦须相称。

殷日戒曰：陶诗、欧文，亦似以春气胜。

抄写之笔墨，不必过求其佳；若施之缣素，则不可不求其佳。诵读之书籍，不必过求其备；若以供稽考，则不可不求其备。游历之山水，不必过求其妙；若因之卜居，则不可不求其妙。

冒辟疆曰：外遇之女色，不必过求其美；若以作姬妾，则不可不求其美。

倪永清曰：观其区处条理，所在经济可知。

王司直曰：求其所当求，而不求其所不必求。

　　人非圣贤，安能无所不知？只知其一，惟恐不止其一，复求知其二者，上也；止知其一，因人言始知有其二者，次也；止知其一，人言有其二而莫之信者，又其次也；止知其一，恶人言有其二者，斯下之下矣。

　　周星远曰：兼听则聪，心斋所以深于知也。

　　倪永清曰：圣贤大学问，不意于清语得之。

史官所纪者，直世界也；职方所载者，横世界也。

袁中江曰：众宰官所治者，斜世界也。

尤悔庵曰：普天下所行者，混沌世界也。

顾天石曰：吾尝思天上之天堂，何处筑基？地下之地狱，何处出气？世界固有不可思议者。

先天八卦，竖看者也；后天八卦，横看者也。

吴街南曰：横看、竖看，皆看不着。

钱目天曰：何如袖手旁观？

藏书不难，能看为难；看书不难，能读为难；读书不难，能用为难；能用不难，能记为难。

洪去芜曰：心斋以能记次于能用之后，想亦苦记性不如耳。世固有能记而不能用者。

王端人曰：能记、能用，方是真藏书人。

张竹坡曰：能记固难，能行尤难。

求知己于朋友易，求知己于妻妾难，求知己于君臣则尤难之难。

王名友曰：求知己于妾易，求知己于妻难，求知己于有妾之妻尤难。

张竹坡曰：求知己于兄弟亦难。

江含微曰：求知己于鬼神则反易耳。

何谓善人？无损于世者则谓之善人；何谓恶人？有害于世者则谓之恶人。

江含徵曰：尚有有害于世，而反邀善人之誉，此实为好利而显为名高者，则又恶人之尤。

有工夫读书，谓之福；有力量济人，谓之福；有学问著述，谓之福；无是非到耳，谓之福；有多闻、直、谅之友，谓之福。

殷日戒曰：我本薄福人，宜行求福事，在随时儆醒而已。

杨圣藻曰：在我者可必，在人者不能必。

王丹麓曰：备此福者，惟我心斋。

李水樵曰：五福骈臻固佳，苟得其半者，亦不得谓之无福。

倪永清曰：直谅之友，富贵人久拒之矣，何心斋反求之也？

人莫乐于闲，非无所事事之谓也。闲则能读书，闲则能游名胜，闲则能交益友，闲则能饮酒，闲则能著书。天下之乐，孰大于是？

陈鹤山曰：然则正是极忙处。

黄交三曰：闲字前有止敬功夫，方能到此。

尤悔庵曰：昔人云"忙里偷闲"，闲而可偷，盗亦有道矣。

李若金曰：闲固难得，有此五者，方不负闲字。

文章是案头之山水，山水是地上之文章。

　　李圣许曰：文章必明秀，方可作案头山水；山水必曲折，乃可名地上文章。

平上去入，乃一定之至理。然入声之为字也少，不得谓凡字皆有四声也。世之调平仄者，于入声之无其字者，往往以不相合之音隶于其下。为所隶者，苟无平上去之三声，则是以寡妇配鳏夫，犹之可也。若所隶之字自有其平上去之三声，而欲强以从我，则是干有夫之妇矣，其可乎？

姑就诗韵言之。如东、冬韵，无入声者也，今人尽调之以东、董、冻、督。夫"督"之为音，当附于"都睹妒"之下；若属之于东、董、冻，又何以处夫"都睹妒"乎？若"东都"二字，俱以"督"字为入声，则是一妇而两夫矣。三江无入声者也，今人尽调之以江、讲、绛、觉。殊不知"觉"之为音，当附于"交绞教"之下者也。诸如此类，不胜其举。

然则如之何而后可？曰：鳏者听其鳏，寡者听其寡；夫妇全者安其全，各不相干而已矣。东、冬、欢、桓、寒、山、真、文、元、渊、先、天、庚、青、侵、盐、咸诸部，皆无入声者也。屋、沃内如"秃独鹄束"等字，乃鱼、虞韵内"都图"等字之入声；"卜木六仆"等字，乃五歌部之入声。"玉菊狱育"等字，乃尤部之入声。三觉、十药，当属于萧、肴、豪。质、锡、职、缉，当属于支、微、齐。质内之"橘卒"、物内之"郁屈"，当属于虞、鱼。物内之"勿物"等音，无平上去者也。讫、乞等四支之入声也。陌部乃佳、灰之"半开来"等字之入声也。月部之"月厥阙谒"等，及屑、叶二部，古无平上去，而今则为中州韵内"车遮"诸字之入声也。"伐发"等字，及曷部之"括适"，及八黠全部，又十五合内诸字，又十七洽全部，皆六麻之入声也。曷内之"撮阔"等字，合部之"合盒"数字，皆无平上去者也。若以缉、合、叶、洽为闭口韵，则止当谓之无平上去之寡妇，而不当调之以侵、寝、缉、咸、喊、陷、洽也。

石天外曰：中州韵无入声，是有夫无妇，天下皆成旷夫世界矣！

《水浒传》是一部怒书，《西游记》是一部悟书，《金瓶梅》是一部哀书。

江含徵曰：不会看《金瓶梅》，而只学其淫，是爱东坡者，但喜吃东坡肉耳。

殷日戒曰：《幽梦影》是一部快书。

朱其恭曰：余谓《幽梦影》是一部趣书。

读书最乐，若读史书则喜少怒多。究之，怒处亦乐处也。

张竹坡曰：读到喜怒俱忘，是大乐境。

陆云士曰：余尝有句云："读《三国志》，无人不为刘；读《南宋书》，无人不冤岳。"第人不知怒处亦乐处耳。怒而能乐，惟善读史者知之。

发前人未发之论，方是奇书；言妻子难言之情，乃为密友。

孙恺似曰：前二语是心斋著书本领。

毕右万曰：奇书我却有数种，如人不肯看何？

陆云士曰：《幽梦影》一书，所发者皆未发之论；所言者皆难言之情。"欲语羞雷同"，可以题赠。

一介之士，必有密友，密友不必定是刎颈之交。大率虽千百里之遥，皆可相信，而不为浮言所动；闻有谤之者，即多方为之辩析而后已；事之宜行宜止者，代为筹画决断；或事当利害关头，有所需而后济者，即不必与闻，亦不虑其负我与否，竟为力承其事。此皆所谓密友也。

殷日戒曰：后段更见恳切周详，可以想见其为人矣。

石天外曰：如此密友，人生能得几个？仆愿心斋先生当之。

　　风流自赏，只容花鸟趋陪；真率谁知？合受烟霞供养。

　　江含徵曰：东坡有云："当此之时，若有所思而无所思。"

　　万事可忘，难忘者名心一段；千般易淡，未淡者美酒三杯。

　　张竹坡曰：是闻鸡起舞、酒后耳热气象。

　　王丹麓曰：予性不耐饮，美酒亦易淡。所最难忘者，名耳！

　　陆云士曰：惟恐不好名，丹麓此言具见真处。

芰荷可食，而亦可衣；金石可器，而亦可服。

张竹坡曰：然后知濂溪不过为衣食计耳。

王司直曰：今之为衣食计者，果似濂溪否？

宜于耳复宜于目者，弹琴也，吹箫也；宜于耳不宜于目者，吹笙也，管也。

李圣许曰：宜于目不宜于耳者，狮子吼之美妇人也；不宜于目并不宜于耳者，面目可憎、语言无味之纨袴子也。

庞天池曰：宜于耳复宜于目者，巧言令色也。

看晓妆，宜于傅粉之后。

余淡心曰：看晚妆，不知心斋以为宜于
何时？

周冰持曰：不可说，不可说！

黄交三曰："水晶帘下看梳头"，不知尔时曾
傅粉否？

庞天池曰：看残妆，宜于微醉后，然眼花缭
乱矣。

　　我不知我之生前，当春秋之季，曾一识西施否？当典午之时，曾一看卫玠否？当义熙之世，曾一醉渊明否？当天宝之代，曾一睹太真否？当元丰之朝，曾一晤东坡否？千古之上，相思者不止此数人，而此数人则其尤甚者，故姑举之以概其余也。

　　杨圣藻曰：君前生曾与诸君周旋，亦未可知。但今生忘之耳。

　　纪伯紫曰：君之前生，或竟是渊明、东坡诸人，亦未可知。

　　王名友曰：不特此也。心斋自云"愿来生为绝代佳人"，又安知西施、太真，不即为其前生耶？

　　郑破水曰：赞叹爱慕，千古一情。美人不必为妻妾，名士不必为朋友，又何必问之前生也耶？心斋真情痴也。

　　陆云士曰：余尝有诗曰："自昔闻佛言，人有轮回事。前生为古人，不知何姓氏？或览青史中，若与他人遇。"竟与心斋同情，然大逊其奇快。

我又不知在隆、万时，曾于旧院中交几名妓？眉公、伯虎、若士、赤水诸君，曾共我谈笑几回？茫茫宇宙，我今当向谁问之耶？

江含徵曰：死者有知，则良晤匪遥。如各化为异物，吾未如之何也已。

顾天石曰：具此襟情，百年后当有恨不与心斋周旋者，则吾幸矣。

文章是有字句之锦绣，锦绣是无字句之文章，两者同出于一原。姑即粗迹论之，如金陵，如武林，如姑苏，书林之所在，即机杼之所在也。

予尝集诸法帖字为诗，字之不复而多者，莫善于《千字文》。然诗家目前常用之字，犹苦其未备。如天文之烟霞风雪，地理之江山塘岸，时令之春宵晓暮，人物之翁僧渔樵，花木之花柳苔萍，鸟兽之蜂蝶莺燕，宫室之台槛轩窗，器用之舟船壶杖，人事之梦忆愁恨，衣服之裙袖锦绮，饮食之茶浆饮酌，身体之须眉韵态，声色之红绿香艳，文史之骚赋题吟，数目之一三双半，皆无其字。《千字文》且然，况其他乎？

黄仙裳曰：山来此种诗，竟似为我而设。

顾天石曰：使其皆备，则《千字文》不为奇矣。吾尝于千字之外另集千字，而已不可复得，更奇。

花不可见其落，月不可见其沉，美人不可见其夭。

朱其恭曰：君言谬矣。洵如所云，则美人必见其发白齿豁而后快耶？

种花须见其开，待月须见其满，著书须见其成，美人须见其畅适，方有实际，否则皆为虚设。

王璞庵曰：此条与上条互相发明，盖曰："花不可见其落耳，必须见其开也。"

　　惠施多方，其书五车；虞卿以穷愁著书。今皆不传，不知书中果作何语？我不见古人，安得不恨！

　　王仔园曰：想亦与《幽梦影》相类耳。

　　顾天石曰：古人所读之书，所著之书，若不被秦人烧尽，则奇奇怪怪，可供今人刻画者，知复何限？然如《幽梦影》等书出，不必思古人矣。

　　倪永清曰：有著书之名，而不见书，省人多少指摘。

　　庞天池曰：我独恨古人不见心斋。

以松花为粮，以松实为香，以松枝为麈尾，以松阴为步障，以松涛为鼓吹。山居得乔松百余章，真乃受用不尽。

施愚山曰：君独不记曾有松多大蚁之恨耶？

江含徵曰：松多大蚁，不妨便为蚁王。

石天外曰：坐乔松下，如在水晶宫中，见万顷波涛总在头上，真仙境也。

116

玩月之法，皎洁则宜仰观，朦胧则宜俯视。

孔东塘曰：深得玩月三昧。

117

孩提之童，一无所知，目不能辨美恶，耳不能判清浊，鼻不能别香臭。至若味之甘苦，则不第知之，且能取之弃之。告子以甘食、悦色为性，殆指此类耳。

凡事不宜刻，若读书则不可不刻；凡事不宜
贪，若买书则不可不贪；凡事不宜痴，若行善则
不可不痴。

余淡心曰：读书不可不刻，请去一"读"字，
移以赠我，何如？

张竹坡曰：我为刻书累，请并去一"不"字。

杨圣藻曰：行善不痴，是邀名矣。

酒可好，不可骂座；色可好，不可伤生；财可好，不可昧心；气可好，不可越理。

袁中江曰：如灌夫使酒，文园病肺，昨夜南塘一出，马上挟章台柳归，亦自无妨。觉愈见英雄本色也。

文名可以当科第，俭德可以当货财，清闲可以当寿考。

聂晋人曰：若名人而登甲第，富翁而不骄奢，寿翁而又清闲，便是蓬壶三岛中人也。

范汝受曰：此亦是贫贱文人无所事事，自为慰藉云耳，恐亦无实在受用处也。

曾青藜曰："无事此静坐，一日似两日。若活七十年，便是百四十。"此是"清闲当寿考"注脚。

石天外曰：得老子退一步法。

顾天石曰：予生平喜游，每逢佳山水辄留连不去，亦自谓可当园亭之乐。质之心斋，以为然否？

不独诵其诗、读其书，是尚友古人，即观其字画，亦是尚友古人处。

张竹坡曰：能友字画中之古人，则九原皆为之感泣矣。

　　无益之施舍，莫过于斋僧；无益之诗文，莫甚于祝寿。

　　张竹坡曰：无益之心思，莫过于忧贫；无益之学问，莫过于务名。

　　殷简堂曰：若诗文有笔资，亦未尝不可。

　　庞天池曰：有益之施舍，莫过于多送我《幽梦影》几册。

妾美不如妻贤，钱多不如境顺。

张竹坡曰：此所谓竿头欲进步者。然妻不贤，
安用妾美？钱不多，哪得境顺？

张迂庵曰：此盖谓二者不可得兼，舍一而取一
者也。又曰：世固有钱多而境不顺者。

创新庵不若修古庙，读生书不若温旧业。

张竹坡曰：是真会读书者，是真读过万卷书者，是真一书曾读过数遍者。

顾天石曰：惟《左传》《楚词》、马、班、杜、韩之诗文，及《水浒》《西厢》《还魂》等书，虽读百遍不厌。此外皆不耐温者矣，奈何？

王安节曰：今世建生祠，又不若创茅庵。

　　字与画同出一原。观六书始于象形，则可
知已。

　　江含徵曰：有不可画之字，不得不用六法也。

　　张竹坡曰：千古人未经道破，却一口拈出。

忙人园亭，宜与住宅相连；闲人园亭，不妨与住宅相远。

张竹坡曰：真闲人，必以园亭为住宅。

酒可以当茶，茶不可以当酒；诗可以当文，文不可以当诗；曲可以当词，词不可以当曲；月可以当灯，灯不可以当月；笔可以当口，口不可以当笔；婢可以当奴，奴不可以当婢。

江含徵曰：婢当奴则太亲，吾恐"忽闻河东狮子吼"耳。

周星远曰：奴亦有可以当婢处，但未免稍逊耳。近时士大夫往往耽此癖。吾辈驰骛之流，盗此虚名，亦欲效颦相尚。滔滔者天下皆是也，心斋岂未识其故乎？

张竹坡曰：婢可以当奴者，有奴之所有者也。奴不可以当婢者，有婢之所同有，无婢之所独有者也。

弟木山曰：兄于饮食之顷，恐月不可以当灯。

余湘客曰：以奴当婢，小姐权时落后也。

宗子发曰：惟帝王家不妨以奴当婢，盖以有阉割法也。每见人家奴子出入主母卧房，亦殊可虑。

　　胸中小不平，可以酒消之；世间大不平，非剑不能消也。

　　周星远曰："看剑引杯长"，一切不平皆破除矣。

　　张竹坡曰：此平世的剑术，非隐娘辈所知。

　　张迂庵曰：苍苍者未必肯以太阿假人，似不能代作空空儿也。

　　尤悔庵曰：龙泉太阿，汝知我者，岂止苏子美以一斗读《汉书》耶？

不得已而诔之者，宁以口，毋以笔；不可耐而骂之者，亦宁以口，毋以笔。

孙豹人曰：但恐未必能自主耳。

张竹坡曰：上句立品，下句立德。

张迂庵曰：匪惟立德，亦以免祸。

顾天石曰：今人笔不诔人，更无用笔之处矣。心斋不知此苦，还是唐宋以上人耳。

陆云士曰：古笔铭曰："毫毛茂茂，陷水可脱，陷文不活。"正此谓也。亦有诔以笔而实讥之者，亦有骂以笔而若誉之者，总以不笔为高。

多情者必好色，好色者未必尽属多情；红颜者必薄命，而薄命者未必尽属红颜；能诗者必好酒，而好酒者未必尽属能诗。

张竹坡曰：情起于色者，则好色也，非情也；祸起于颜色者，则薄命在红颜否？则亦止曰：命而已矣。

洪秋士曰：世亦有能诗而不好酒者。

梅令人高，兰令人幽，菊令人野，莲令人淡，春海棠令人艳，牡丹令人豪，蕉与竹令人韵，秋海棠令人媚，松令人逸，桐令人清，柳令人感。

张竹坡曰：美人令众卉皆香，名士令群芳俱舞。

尤谨庸曰：读之惊才绝艳，堪采入《群芳谱》中。

物之能感人者，在天莫如月，在乐莫如琴，在
动物莫如鹃，在植物莫如柳。

妻子颇足累人，羡和靖梅妻鹤子；奴婢亦能供
职，喜志和樵婢渔奴。

尤悔庵曰：梅妻鹤子，樵婢渔童，可称绝对。
人生眷属，得此足矣。

涉猎虽曰无用，犹胜于不通古今；清高固然可嘉，莫流于不识时务。

黄交三曰：南阳抱膝时，原非清高者可比。

江含徵曰：此是心斋经济语。

张竹坡曰：不合时宜则可，不达时务，奚其可？

尤悔庵曰：名言，名言！

所谓美人者，以花为貌，以鸟为声，以月为神，以柳为态，以玉为骨，以冰雪为肤，以秋水为姿，以诗词为心，吾无间然矣。

冒辟疆曰：合古今灵秀之气，庶几铸此一人。

江含徵曰：还要有松蕈之操才好。

黄交三曰：论美人而曰"以诗词为心"，真是闻所未闻。

蝇集人面，蚊嘬人肤，不知以人为何物？

陈康畴曰：应是头陀转世，意中但求布施也。

释菌人曰：不堪道破。

张竹坡曰：此《南华》精髓也。

尤悔庵曰：正以人之血肉，只堪供蝇蚊咀嘬耳。以我视之，人也；自蝇蚊视之，何异腥膻臭腐乎？

陆云士曰：集人面者，非蝇而蝇；嘬人肤者，非蚊而蚊。明知其为人也，而集之嘬之，更不知其以人为何物。

有山林隐逸之乐而不知享者，渔樵也、农圃也、缁黄也；有园亭姬妾之乐而不能享、不善享者，富商也、大僚也。

弟木山曰：有山珍海错而不能享者，庖人也。有牙签玉轴而不能读者，蠹鱼也、书贾也。

　　黎举云："欲令梅聘海棠，枨子想是橙。臣樱桃，以芥嫁笋，但时不同耳。"予谓物各有偶，拟必于伦。今之嫁娶，殊觉未当。如梅之为物，品最清高；棠之为物，姿极妖艳。即使同时，亦不可为夫妇。不如梅聘梨花，海棠嫁杏，橼臣佛手，荔枝臣樱桃，秋海棠嫁雁来红，庶几相称耳。至若以芥嫁笋，笋如有知，必受河东狮子之累矣。

　　弟木山曰：余尝以芍药为牡丹后，因作贺表一通。兄曾云："但恐芍药未必肯耳。"

　　石天外曰：花神有知，当以花果数升谢寒修矣。

　　姜学在曰：雁来红做新郎，真个是老少年也。

五色有太过，有不及，惟黑与白无太过。

杜茶村曰：居独不闻唐有李太白乎？

江含徵曰：又不闻"玄之又玄"乎？

尤悔庵曰：知此道者，其惟弈乎？老子曰：
"知其白，守其黑。"

许氏《说文》分部，有止有其部而无所属之字者，下必注云："凡某之属皆从某。"赘句殊觉可笑，何不省此一句乎？

谭公子曰：此独民县到任告示耳。

王司直曰：此亦古史之遗。

　　阅《水浒传》至鲁达打镇关西、武松打虎，因思人生必有一桩极快意事，方不枉在生一场。即不能有其事，亦须著得一种得意之书，庶几无憾耳！如李太白有贵妃捧砚事，司马相如有文君当垆事，严子陵有足加帝腹事，王之涣、王昌龄有旗亭画壁事，王子安有顺风过江作《滕王阁序》事之类。

　　张竹坡曰：此等事，必须无意中方做得来。

　　陆云士曰：心斋所著得意之书颇多，不止一打快活林、一打景阳岗称快意矣。

　　弟木山曰：兄若打中山狼，更极快意。

春风如酒，夏风如茗，秋风如烟，如姜芥。

许筠庵曰：所以秋风客气味狠辣。

张竹坡曰：安得东风夜夜来？

冰裂纹极雅，然宜细不宜肥；若以之作窗栏，殊不耐观也。冰裂纹须分大小，先作大冰裂，再于每大块之中作小冰裂，方佳。

江含徵曰：此便是哥窑纹也。

靳熊封曰："一片冰心在玉壶"，可以移赠。

鸟声之最佳者，画眉第一，黄鹂、百舌次之。然黄鹂、百舌，世未有笼而畜之者，其殆高士之俦，可闻而不可屈者耶？

江含徵曰：又有"打起黄莺儿"者，然则亦有时用他不着。

陆云士曰："黄鹂住久浑相识，欲别频啼四五声"，来去有情，正不必笼而畜之也。

不治生产，其后必致累人；专务交游，其后必致累己。

杨圣藻曰：晨钟夕磬，发人深省。

冒巢民曰：若在我，虽累人累己，亦所不悔。

宗子发曰：累己犹可，若累人则不可矣。

江含徵曰：今之人未必肯受你累，还是自家稳些的好。

　　昔人云："妇人识字，多致诲淫。"予谓此非识字之过也。盖识字则非无闻之人，其淫也，人易得而知耳。

　　张竹坡曰：此名士持身不可不加谨也。

　　李若金曰：贞者识字愈贞，淫者不识字亦淫。

善读书者，无之而非书：山水亦书也，棋酒亦书也，花月亦书也。善游山水者，无之而非山水：书史亦山水也，诗酒亦山水也，花月亦山水也。

陈鹤山曰：此方是真善读书人，善游山水人。

黄交三曰：善于领会者，当作如是观。

江含徵曰：五更卧被时，有无数山水书籍在眼前胸中。

尤悔庵曰：山耶，水耶，书耶？一而二，二而三，三而一者也。

陆云士曰：妙舌如环，真慧业文人之语。

园亭之妙，在丘壑布置，不在雕绘琐屑。往往见人家园亭，屋脊墙头，雕砖镂瓦，非不穷极工巧，然未久即坏，坏后极难修葺。是何如朴素之为佳乎？

江含徵曰：世间最令人神怆者，莫如名园雅墅，一经颓废，风台月榭，埋没荆棘。故昔之贤达，有不欲置别业者。予尝过琴虞，留题名园句有云："而今绮砌雕阑在，剩与园丁作业钱。"盖伤之也。

弟木山曰：予尝悟作园亭与作光棍二法：园亭之善在多回廊，光棍之恶在能结讼。

清宵独坐，邀月言愁；良夜孤眠，呼蚕语恨。

袁士旦曰：令我百端交集。

黄孔植曰：此逆旅无聊之况，心斋亦知
之乎？

官声采于舆论，豪右之口与寒乞之口俱不得其真；花案定于成心，艳媚之评与寝陋之评概恐失其实。

黄九烟曰：先师有言："不如乡人之善者好之，其不善者恶之。"

李若金曰：豪右而不讲分上，寒乞而不望推恩者，亦未尝无公论。

倪永清曰：我谓众人唾骂者，其人必有可观。

　　胸藏丘壑，城市不异山林；兴寄烟霞，阎浮有
如蓬岛。

　　梧桐为植物中清品，而形家独忌之，甚且谓"梧桐大如斗，主人往外走"，若竟视为不祥之物也者。夫剪桐封弟，其为宫中之桐可知；而卜世最久者，莫过于周。俗言之不足据，类如此夫！

　　江含徵曰：爱碧梧者，遂艰于白锒，造物盖忌之，故靳之也。有何吉凶休咎之可关？只是打秋风时光棍样可厌耳。

　　尤悔庵曰："梧桐生矣，于彼朝阳。"《诗》言之矣。

　　倪永清曰：心斋为梧桐雪千古之奇冤，百卉俱当九顿。

多情者不以生死易心，好饮者不以寒暑改量，
喜读书者不以忙闲作辍。

朱其恭曰：此三言者，皆是心斋自为写照。

王司直曰：我愿饮酒、读《离骚》，至死方
辍，何如？

蛛为蝶之敌国，驴为马之附庸。

周星远曰：妙论解颐，不数晋人危语隐语。

黄交三曰：自开辟以来，未闻有此奇论。

立品须发乎宋人之道学，涉世须参以晋代之风流。

方宝臣曰：真道学未有不风流者。

张竹坡曰：夫子自道也。

胡静夫曰：予赠金陵前辈赵容庵句云："文章鼎立庄骚外，杖履风流晋宋间。"今当移赠山老。

倪永清曰：等闲地位，却是个双料圣人。

陆云士曰：有不风流之道学，有风流之道学；有不道学之风流，有道学之风流，毫厘千里。

古谓禽兽亦知人伦。予谓匪独禽兽也，即草木亦复有之。牡丹为王，芍药为相，其君臣也；南山之乔，北山之梓，其父子也。荆之闻分而枯，闻不分而活，其兄弟也；莲之并蒂，其夫妇也；兰之同心，其朋友也。

　　江含徵曰：纲常伦理，今日几于扫地，合向花木鸟兽中求之。又曰：心斋不喜迂腐，此却有腐气。

豪杰易于圣贤，文人多于才子。

张竹坡曰：豪杰不能为圣贤，圣贤未有不豪
杰。文人才子亦然。

牛与马，一仕而一隐也；鹿与豕，一仙而一凡也。

杜茶村曰：田单之火牛，亦曾效力疆场；至马之隐者，则绝无之矣。若武王归马于华山之阳，所谓勒令致仕者也。

张竹坡曰："莫与儿孙作马牛"，盖为后人审出处语也。

古今至文，皆血泪所成。

吴晴岩曰：山老《清泪痕》一书，细看皆是血泪。

江含徵曰：古今恶文，亦纯是血。

　　情之一字，所以维持世界；才之一字，所以粉饰乾坤。

　　吴雨若曰：世界原从情字生出。有夫妇，然后有父子；有父子，然后有兄弟；有兄弟，然后有朋友；有朋友，然后有君臣。

　　释中洲曰：情与才缺一不可。

孔子生于东鲁，东者生方，故礼乐文章，其道皆自无而有；释迦生于西方，西者死地，故受想行识，其教皆自有而无。

吴街南曰：佛游东土，佛入生方；人望西天，岂知是寻死地？呜呼！西方之人兮，之死靡他。

殷日戒曰：孔子只勉人生时用功，佛氏只教人死时作主，各自一意。

倪永清曰：盘古生于天心，故其人在不有不无之间。

有青山方有绿水，水惟借色于山；有美酒便有佳诗，诗亦乞灵于酒。

李圣许曰：有青山绿水，乃可酌美酒而咏佳诗，是诗酒又发端于山水也。

严君平，以卜讲学者也；孙思邈，以医讲学者也；诸葛武侯，以出师讲学者也。

殷日戒曰：心斋殆又以《幽梦影》讲学者耶？

戴田友曰：如此讲学，才可称道学先生。

人则女美于男，禽则雄华于雌，兽则牝牡无分者也。

杜于皇曰：人亦有男美于女者，此尚非确论。

徐松之曰：此是茶村兴到之言，亦非定论。

　　镜不幸而遇嫫母，砚不幸而遇俗子，剑不幸而遇庸将，皆无可奈何之事。

　　杨圣藻曰：凡不幸者，皆可以此概之。

　　闵宾连曰：心斋案头无一佳砚，然诗文绝无一点尘俗气，此又砚之大幸也。

　　曹冲谷曰：最无可奈何者，佳人定随痴汉。

天下无书则已，有则必当读；无酒则已，有则必当饮；无名山则已，有则必当游；无花月则已，有则必当赏玩；无才子佳人则已，有则必当爱慕怜惜。

弟木山曰：谈何容易，即吾家黄山，几能得一到耶？

秋虫春鸟，尚能调声弄舌，时吐好音；我辈搦
管拈毫，岂可甘作鸦鸣牛喘？

吴菌次曰：牛若不喘，宰相安肯问之？

张竹坡曰：宰相不问科律而问牛喘，真是文章
司命。

倪永清曰：世皆以鸦鸣牛喘为凤歌鸾唱，
奈何！

　　媸颜陋质，不与镜为仇者，亦以镜为无知之死
物耳。使镜而有知，必遭扑破矣。

　　江含徵曰：镜而有知，遇若辈早已回避矣。
　　张竹坡曰：镜而有知，必当化媸为妍。

　　吾家公艺，恃百忍以同居，千古传为美谈。殊不知忍而至于百，则其家庭乖戾睽隔之处，正未易更仆数也。

　　江含徵曰：然除了一忍，更无别法。

　　顾天石曰：心斋此论，先得我心。忍以治家，可耳，奈何进之高宗，使忍以养成武氏之祸哉？

　　倪永清曰：若用忍字，则百犹嫌少，否则以剑字处之足矣。或曰："出家"二字足以处之。

　　王安节曰：惟其乖戾睽隔，是以要忍。

九世同居，诚为盛事，然止当与割股、庐墓者作一例看。可以为难矣，不可以为法也，以其非中庸之道也。

洪去芜曰：古人原有父子异宫之说。

沈契掌曰：必居天下之广居而后可。

作文之法：意之曲折者，宜写之以显浅之词；理之显浅者，宜运之以曲折之笔；题之熟者，参之以新奇之想；题之庸者，深之以关系之论。至于窘者舒之使长，缛者删之使简，俚者文之使雅，闹者摄之使静，皆所谓裁制也。

陈康畴曰：深得作文三昧语。

张竹坡曰：所谓节制之师。

王丹麓曰：文家秘旨，和盘托出，有功作者不浅。

笋为蔬中尤物，荔枝为果中尤物，蟹为水族中尤物，酒为饮食中尤物，月为天文中尤物，西湖为山水中尤物，词曲为文字中尤物。

张南村曰：《幽梦影》可为书中尤物。

陈鹤山曰：此一则，又为《幽梦影》中尤物。

买得一本好花，犹且爱护而怜惜之，矧其为解语花乎？

周星远曰：性至之语，自是君身有仙骨，世人哪得知其故耶！

石天外曰：此一副心，令我念佛数声。

李若金曰：花能解语，而落于粗恶武夫，或遭狮吼戕贼，虽欲爱护，何可得！

王司直曰：此言是恻隐之心，即是是非之心。

观手中便面，足以知其人之雅俗，足以识其人
之交游。

李圣许曰：今人以笔资丐名人书画，名人何尝
与之交游？吾知其手中便面虽雅，而其人则俗甚
也。心斋此条，犹非定论。

毕岫谷曰：人苟肯以笔资丐名人书画，则其人
犹有雅道存焉。世固有并不爱此道者。

钱目天曰：二语皆然。

　　水为至污之所会归，火为至污之所不到。若变不洁为至洁，则水火皆然。

　　江含徵曰：世间之物，宜投诸水火者不少，盖喜其变也。

貌有丑而可观者，有虽不丑而不足观者；文有不通而可爱者，有虽通而极可厌者。此未易与浅人道也。

陈康畴曰：相马于牝牡骊黄之外者，得之矣。

李若金曰：究竟可观者必有奇怪处，可爱者必无大不通。

梅雪坪曰：虽通而可厌，便可谓之不通。

游玩山水亦复有缘，苟机缘未至，则虽近在数十里之内，亦无暇到也。

张南村曰：予晤心斋时，询其曾游黄山否，心斋对以未游，当是机缘未至耳。

陆云士曰：余慕心斋者十年，今戊寅之冬始得一面，身到黄山恨其晚，而正未晚也。

177

游玩山水亦复有缘，苟机缘未至，则虽近在数十里之内，亦无暇到也。

张南村曰：予晤心斋时，询其曾游黄山否，心斋对以未游，当是机缘未至耳。

陆云士曰：余慕心斋者十年，今戊寅之冬始得一面，身到黄山恨其晚，而正未晚也。

一七七

"贫而无谄，富而无骄"，古人之所贤也。贫而无骄，富而无谄，今人之所少也。足以知世风之降矣。

许来庵曰：战国时已有贫贱骄人之说矣。

张竹坡曰：有一人一时，而对此谄对彼骄者，更难。

　　昔人欲以十年读书、十年游山、十年检藏。予谓检藏尽可不必十年，只二三载足矣。若读书与游山，虽或相倍蓰，恐亦不足以偿所愿也。必也如黄九烟前辈之所云，"人生必三百岁而后可"乎？

　　江含徵曰：昔贤原谓尽则安能，但身到处莫放过耳。

　　孙松坪曰：吾乡李长蘅先生，爱湖上诸山，有"每个峰头住一年"之句，然则黄九烟先生所云犹恨其少。

　　张竹坡曰：今日想来，彭祖反不如马迁。

宁为小人之所骂，毋为君子之所鄙；宁为盲主司之所摈弃，毋为诸名宿之所不知。

陈康畴曰：世之人自今以后，慎毋骂心斋也。

江含徵曰：不独骂也，即打亦无妨，但恐鸡肋不足以安尊拳耳。

张竹坡曰：后二句足少平吾恨。

李若金曰：不为小人所骂，便是乡愿；若为君子所鄙，断非佳士。

傲骨不可无，傲心不可有。无傲骨则近于鄙夫，有傲心不得为君子。

吴街南曰：立君子之侧，骨亦不可傲；当鄙夫之前，心亦不可不傲。

石天外曰：道学之言，才人之笔。

庞笔奴曰：现身说法，真实妙谛。

蝉为虫中之夷齐，蜂为虫中之管晏。

崔青岵曰：心斋可谓虫中之董狐。

吴镜秋曰：蚊是虫中酷吏，蝇是虫中游客。

　　曰痴、曰愚、曰拙、曰狂，皆非好字面，而人
每乐居之；曰奸、曰黠、曰强、曰佞，反是，而
人每不乐居之，何也？

　　江含徵曰：有其名者无其实，有其实者避其
名。世有奸、黠、强、佞，而貌托痴、愚、拙、
狂者，谓为不乐居，恐亦未必。

唐虞之际，音乐可感鸟兽。此盖唐虞之鸟兽，故可感耳；若后世之鸟兽，恐未必然。

洪去芜曰：然则鸟兽亦随世道为升降耶？

陈康畴曰：后世之鸟兽，应是后世之人所化身，即不无升降，正未可知。

石天外曰：鸟兽自是可感，但无唐虞音乐耳。

毕右万曰：后世之鸟兽，与唐虞无异，但后世之人迥不同耳。

痛可忍而痒不可忍，苦可耐而酸不可耐。

陈康畴曰：余见酸子偏不耐苦。

张竹坡曰：是痛痒关心语。

余香祖曰：痒不可忍，须倩麻姑搔背。

释牧堂曰：若知痛痒，辨苦酸，便是居士
悟处。

镜中之影，着色人物也；月下之影，写意人物
也。镜中之影，钩边画也；月下之影，没骨画也。
月中山河之影，天文中地理也；水中星月之象，
地理中天文也。

恽叔子曰：绘空镂影之笔。

石天外曰：此种着色写意，能令古今善画人一
齐搁笔。

沈契掌曰：好影子俱被心斋先生画着。

能读无字之书，方可得惊人妙句；能会难通之
解，方可参最上禅机。

黄交三曰：山老之学，从悟而入，故常有彻天
彻地之言。

若无诗酒，则山水为具文；若无佳丽，则花月
皆虚设。

才子而美姿容，佳人而工著作，断不能永年者，匪独为造物之所忌。盖此种原不独为一时之宝，乃古今万世之宝，故不欲久留人世以取亵耳。

郑破水曰：千古伤心，同声一哭。

王司直曰：千古伤心者，读此可以不哭矣。

　　陈平封曲逆侯，《史》《汉》注皆云"音去遇"。予谓此是北人土音耳。若南人四音俱全，似仍当读作本音为是。北人于唱曲之"曲"，亦读如"去"字。

　　孙松坪曰：曲逆，今完县也。众水濚洄，势曲而流逆。予尝为土人订之。心斋重发吾覆矣。

191

　　古人四声俱备，如"六、国"二字皆入声也。今梨园演苏秦剧，必读"六"为"溜"，读"国"为"鬼"，从无读入声者。然考之《诗经》，如"良马六之、无衣六兮"之类，皆不与去声叶，而叶"祝、告、燠"；"国"字皆不与上声叶，而叶入陌、质韵。则是古人似亦有入声，未必尽读"六"为"溜"、读"国"为"鬼"也。

　　弟木山曰：梨园演苏秦，原不尽读"六国"为"溜鬼"。大抵以曲调为别。若曲是南调，则仍读入声也。

　　闲人之砚，固欲其佳，而忙人之砚，尤不可不佳；娱情之妾，固欲其美，而广嗣之妾，亦不可不美。

　　江含徵曰：砚美下墨，可也；妾美招妒，奈何？

　　张竹坡曰：妒在妾，不在美。

如何是独乐乐？曰鼓琴；如何是与人乐乐？曰弈棋；如何是与众乐乐？曰马吊。

蔡铉升曰：独乐乐，与人乐乐，孰乐？曰"不若与人"；与少乐乐，与众乐乐，孰乐？曰"不若与少"。

王丹麓曰：我与蔡君异，独畏人为鬼阵，见则必乱其局而后已。

　　不待教而为善为恶者，胎生也；必待教而后为善为恶者，卵生也；偶因一事之感触而突然为善为恶者，湿生也；如周处、戴渊之改过，李怀光反叛之类。前后判若两截，究非一日之故者，化生也。如唐玄宗、卫武公之类。

凡物皆以形用，其以神用者，则镜也，符印也，日晷也，指南针也。

袁中江曰：凡人皆以形用，其以神用者，圣贤也、仙也、佛也。

黄虞外士曰：凡物之用皆形，而其所以然者，神也。镜凸凹而易其肥瘦，符印以专一而主其神机，日晷以恰当而定准则，指南以灵动而活其针缝。是皆神而明之，存乎人矣。

才子遇才子，每有怜才之心；美人遇美人，必无惜美之意。我愿来世托生为绝代佳人，一反其局而后快。

陈鹤山曰：谚云："鲍老当筵笑郭郎，笑他舞袖太郎当。若教鲍老当筵舞，转更郎当舞袖长。"则为之奈何？

郑藩修曰：俟心斋来世为佳人时再议。

余湘客曰：古亦有"我见犹怜"者。

倪永清曰：再来时不可忘却。

　　予尝欲建一无遮大会，一祭历代才子，一祭历代佳人。俟遇有真正高僧，即当为之。

　　顾天石曰：君若果有此盛举，请迟至二三十年之后，则我亦可拜领盛情也。

　　释中洲曰：我是真正高僧，请即为之，何如？不然，则此二种沉魂滞魄，何日而得解脱耶？

　　江含徵曰：折柬虽具，而未有定期，则才子佳人亦复怨声载道。又曰：我恐非才子而冒为才子，非佳人而冒为佳人，虽有十万八千母陀罗臂，亦不能具香厨法膳也。心斋以为然否？

　　释远峰曰：中洲和尚，不得夺我施主。

198

圣贤者，天地之替身。

石天外曰：此语大有功名教，敢不伏地拜倒。

张竹坡曰：圣贤者，乾坤之帮手也。

天极不难做，只须生仁人君子有才德者二三十人足矣。君一、相一、冢宰一，及诸路总制、抚军是也。

黄九烟曰：吴歌有云："做天切莫做四月天。"可见天亦有难做之时。

江含徵曰：天若好做，不须女娲氏补之。

尤谨庸曰：天不做天，只是做梦，奈何，奈何！

倪永清曰：天若都生善人，君相皆当袖手，便可无为而治。

陆云士曰：极诞极奇之话，极真极确之话。

掷升官图，所重在德，所忌在赃；何一登仕
版，辄与之相反耶？

江含徵曰：所重在德，不过是要赢几文钱耳。

沈契掌曰：仕版原与纸版不同。

动物中有三教焉：蛟、龙、麟、凤之属，近于儒者也；猿、狐、鹤、鹿之属，近于仙者也；狮子、牯牛之类，近于释者也。植物中有三教焉：竹、梧、兰、蕙之属，近于儒者也；蟠桃、老桂之属，近于仙者也；莲花、薝卜之属，近于释者也。

顾天石曰：请高唱《西厢》一句："一个通彻三教九流。"

石天外曰：众人碌碌，动物中蜉蝣而已；世人峥嵘，植物中荆棘而已。

佛氏云"日月在须弥山腰",果尔,则日月必是绕山横行而后可;苟有升有降,必为山巅所碍矣。又云:"地上有阿耨达池,其水四出,流入诸印度。"又云:"地轮之下为水轮,水轮之下为风轮,风轮之下为空轮。"余谓此皆喻言人身也:须弥山喻人首,日月喻两目,池水四出喻血脉流通,地轮喻此身,水为便溺,风为泄气,此下则无物矣。

　　释远峰曰:却被此公道破。

　　毕右万曰:乾坤交后,有三股大气:一呼吸、二盘旋、三升降。呼吸之气,在八卦为震巽,在天地为风雷、为海潮,在人身为鼻息。盘旋之气,在八卦为坎离,在天地为日月,在人身为两目,为指尖、发顶罗纹,在草木为树节、蕉心。升降之气,在八卦为艮兑,在天地为山泽,在人身为髓液便溺,为头颅肚腹,在草木为花叶之萌涸,为树梢之向天、树根之入地。知此,而寓言之出于二氏者,皆可类推而悟。

苏东坡和陶诗尚遗数十首。予尝欲集坡句以补之，苦于韵之弗备而止。如《责子》诗中"不识六与七""但觅梨与栗"，"七"字、"栗"字，皆无其韵也。

予尝偶得句，亦殊可喜，惜无佳对，遂未成诗。其一为"枯叶带虫飞"，其一为"乡月大于城"，姑存之，以俟异日。

"空山无人，水流花开"二句，极琴心之妙境；"胜固欣然，败亦可喜"二句，极手谈之妙境；"帆随湘转，望衡九面"二句，极泛舟之妙境；"胡然而天，胡然而帝"二句，极美人之妙境。

镜与水之影，所受者也；日与灯之影，所施者也。月之有影，则在天者为受，而在地者为施也。

郑破水曰："受、施"二字，深得阴阳之理。

庞天池曰：幽梦之影，在心斋为施，在笔奴为受。

水之为声有四：有瀑布声，有流泉声，有滩声，有沟浍声。风之为声有三：有松涛声，有秋叶声，有波浪声。雨之为声有二：有梧叶、荷叶上声，有承檐溜竹筒中声。

弟木山曰：数声之中，惟水声最为可厌，以其无已时，甚聒人耳也。

文人每好鄙薄富人，然于诗文之佳者，又往往以金玉、珠玑、锦绣誉之，则又何也？

陈鹤山曰：犹之富贵家张山朤野老落木荒村之画耳。

江含徵曰：富人嫌其悭且俗耳，非嫌其珠玉文绣也。

张竹坡曰：不文，虽富可鄙；能文，虽穷可敬。

陆云士曰：竹坡之言是真公道说话。

李若金曰：富人之可鄙者在吝，或不好史书，或畏交游，或趋炎热而轻忽寒士。若非然者，则富翁大有裨益人处，何可少之？

能闲世人之所忙者，方能忙世人之所闲。

先读经，后读史，则论事不谬于圣贤；既读史，复读经，则观书不徒为章句。

黄交三曰：宋儒语录中不可多得之句。

陆云士曰：先儒著书法累牍连章，不若心斋数言道尽。

王宓草曰：妄论经史者，还宜退而读经。

居城市中，当以画幅当山水，以盆景当苑囿，
以书籍当朋友。

周星远曰：究是心斋，偏重独乐乐。

王司直曰：心斋先生置身于画中矣。

　　乡居须得良朋始佳，若田夫樵子，仅能辨五谷而测晴雨，久且数未免生厌矣。而友之中又当以能诗为第一，能谈次之，能画次之，能歌又次之，解觞政者又次之。

　　江含徵曰：说鬼话者又次之。

　　殷日戒曰：奔走于富贵之门者，自应以善说鬼话为第一，而诸客次之。

　　倪永清曰：能诗者必能说鬼话。

　　陆云士曰：三说递进，愈转愈妙，滑稽之雄。

213

　　玉兰，花中之伯夷也；高而且洁。葵，花中之伊尹也；倾心向日。莲，花中之柳下惠也。污泥不染。鹤，鸟中之伯夷也；仙品。鸡，鸟中之伊尹也；司晨。莺，鸟中之柳下惠也。求友。

214

　　无其罪而虚受恶名者，蠹鱼也；蛀书之虫另是一种，其形如蚕蛹而差小。有其罪而恒逃清议者，蜘蛛也。

　　张竹坡曰：自是老吏断狱。

　　李若金曰：予尝有除蛛网说，则讨之未尝无人。

臭腐化为神奇，酱也、腐乳也、金汁也。至神奇化为臭腐，则是物皆然。

袁中江曰：神奇不化臭腐者，黄金也、真诗文也。

王司直曰：曹操、王安石文字，亦是神奇出于臭腐。

黑与白交，黑能污白，白不能掩黑；香与臭混，臭能胜香，香不能敌臭。此君子小人相攻之大势也。

弟木山曰：人必喜白而恶黑，黜臭而取香，此又君子必胜小人之理也。理在，又乌论乎势。

石天外曰：余尝言于黑处着一些白，人必惊心骇目，皆知黑处有白；于白处着一些黑，人亦必惊心骇目，以为白处有黑。甚矣，君子之易于形短，小人之易于见长，此不虞之誉、求全之毁所由来也。读此慨然。

倪永清曰：当今以臭攻臭者不少。

217

"耻"之一字，所以治君子；"痛"之一字，所以治小人。

张竹坡曰：若使君子以耻治小人，则有耻且格；小人以痛报君子，则尽忠报国。

218

镜不能自照，衡不能自权，剑不能自击。

倪永清曰：诗不能自传，文不能自誉。
庞天池曰：美不能自见，恶不能自掩。

古人云："诗必穷而后工。"盖穷则语多感慨，易于见长耳。若富贵中人，既不可忧贫叹贱，所谈者不过风云月露而已，诗安得佳？苟思所变，计惟有出游一法。即以所见之山川、风土、物产、人情，或当疮痍兵燹之余，或值旱涝灾祲之后，无一不可寓之诗中。借他人之穷愁，以供我之咏叹，则诗亦不必待穷而后工也。

张竹坡曰：所以郑监门《流民图》独步千古。

倪永清曰：得意之游，不暇作诗；失意之游，不能作诗。苟能以无意游之，则眼光识力，定是不同。

尤悔庵曰：世之穷者多而工诗者少，诗亦不任受过也。

跋　一

　　昔人云："梅花之影，妙于梅花。"窃意影子何能妙于花？惟花妙，则影亦妙。枝干扶疏，自尔天然生动。凡一切文字语言，总是才人影子。人妙，则影自妙。

　　此册一行一句，非名言即韵语，皆从胸次体验而出，故能发人警省。片玉碎金，俱可宝贵；幽人梦境，读者勿作影响观可矣。

　　　　　　　　　　南村张惣识

跋　二

抱异疾者多奇梦，梦所未到之境，梦所未见之事，以心为君主之官，邪干之，故如此；此则病也，非梦也。至若梦木撑天，梦河无水，则休咎应之；梦牛尾，梦蕉鹿，则得失应之。此则梦也，非病也。

心斋之《幽梦影》，非病也，非梦也，影也。影者惟何？石火之一敲、电光之一瞥也。东坡所谓"一掉头时生老病，一弹指顷去来今"也。昔人云"芥子具须弥"，心斋则于倏忽备古今也。此因其心闲手闲，故弄墨如此之闲适也。心斋岂长于勘梦者也，然而未可向痴人说也。

寓东淘江之兰跋

跋 三

　　昔人著书，间附评语。若以评语参错书中，则《幽梦影》创格也。清言隽旨，前於后喁，令读者如入真长座中，与诸客周旋；聆其馨欬，不禁色舞眉飞，洵翰墨中奇观也！

　　书名曰"梦"曰"影"，盖取"六如"之义。饶广长舌，散天女花，心灯意蕊，一印印空，可以悟矣！

　　　　　　　　乙未夏日震泽杨复吉识

围炉夜话

中华书局

〔清〕 王永彬 撰

前　言

　　喧嚣之当下，如何安身立命的同时获得一份宁静、一份淡然？下班路上，晚饭之后，沏杯清茶，看看我们智慧的前辈如何耕读传家，如何经风历霜，不失为一件乐事。

　　菜根，本是食之无味、人皆弃之的东西，看惯宦海惊涛骇浪而归隐山林的明代人洪应明却认为"菜根中有真味"，从粗茶淡饭的日常中体悟如何面对命运过好生活，如何涉世如何待人，朴素而深远的生活智慧凝成《菜根谭》，流传后世。

　　明代文人陈继儒的清言小品《小窗幽记》，用清新晓畅的话语、独中肯綮的格调，谈景谈人，聊情聊韵，既有儒家之积极入世，也见道佛的清虚超凡，还有浓浓的美丽。

　　清人王永彬寒夜与家人围炉而坐，烧煨山芋之时，火光映照下与儿孙悠悠而聊家常人生之温馨宁静，娓娓而谈父慈子孝的伦理之乐、修身立命的处世哲学，得佳句随手记之，终成经典的格言家训——《围炉夜话》。

天资聪颖、博通经史的清人张潮则将自己读书作画、谈禅论道、悠游山水、饮酒交游的生活雅趣浓缩在《幽梦影》中，林语堂评价："这是一部文艺的格言集，这一类的集子在中国很多，可没有一部可和张潮自己所写的相比拟。"

这四部流传几百年的经典之作，饱含着处世的智慧和生活的美学，《菜根谭》《围炉夜话》与《小窗幽记》，更被誉为古代"处世三大奇书"。这四部箴言小品，精致典雅，言简意赅，文风清新晓畅。今将它们纂集在一起，命名为《处世妙品》，希望它可以使您冲淡平和地面对人生，能助您发现平凡生活中不易觉察的美好，修己立身，进退有度，在纷繁的世界中找到个人的精神追求，活出率真的自己。

茶，细细品；路，悠悠走；书，慢慢读。阅读变为悦读，生活化为乐活。

中华书局编辑部

2020 年 7 月

目录

序

　　寒夜围炉，田家妇子之乐也。顾篝灯坐对，或默默然无一言，或嘻嘻然言非所宜言，皆无所谓乐，不将虚此良夜乎？余识字农人也，岁晚务闲，家人聚处，相与烧煨山芋，心有所得，辄述诸口，命儿辈缮写存之，题曰《围炉夜话》。但其中皆随得随录，语无伦次且意浅辞芜，多非信心之论，特以课家人消永夜耳，不足为外人道也。倘蒙有道君子惠而正之，则幸甚。

咸丰甲寅二月既望王永彬书于桥西馆之一经堂

001

　　教子弟于幼时，便当有正大光明气象；检身心于平日，不可无忧勤惕厉功夫。

002

与朋友交游，须将他好处留心学来，方能受益；
对圣贤言语，必要我平时照样行去，才算读书。

003

贫无可奈惟求俭，拙亦何妨只要勤。

004

稳当话，却是平常话，所以听稳当话者不多；
本分人，即是快活人，无奈做本分人者甚少。

005

处事要代人作想，读书须切己用功。

006

一"信"字是立身之本，所以人不可无也；一"恕"字是接物之要，所以终身可行也。

007

人皆欲会说话，苏秦乃因会说话而杀身；人皆欲多积财，石崇乃因多积财而丧命。

008

教小儿宜严，严气足以平躁气；待小人宜敬，敬心可以化邪心。

009

善谋生者，但令长幼内外勤修恒业，而不必富其家；善处事者，但就是非可否审定章程，而不必利于己。

　　名利之不宜得者竟得之，福终为祸；困穷之最难耐者能耐之，苦定回甘。生资之高在忠信，非关机巧；学业之美在德行，不仅文章。

　　风俗日趋于奢淫，靡所底止，安得有敦古朴之君子，力挽江河；人心日丧其廉耻，渐至消亡，安得有讲名节之大人，光争日月。

人心统耳目官骸，而于百体为君，必随处见神明之宰；人面合眉眼鼻口，以成一字曰苦，两眉为草，眼横鼻直而下承口，乃苦字也。知终身无安逸之时。

伍子胥报父兄之仇而郢都灭，申包胥救君上之难而楚国存，可知人心之恃也；秦始皇灭东周之岁而刘季生，梁武帝灭南齐之年而侯景降，可知天道好还也。

014

有才必韬藏，如浑金璞玉，暗然而日章也；为学无间断，如流水行云，日进而不已也。

015

积善之家，必有余庆；积不善之家，必有余殃。可知积善以遗子孙，其谋甚远也。贤而多财，则损其志；愚昧而多财，则益其过。可知积财以遗子孙，其害无穷也。

016

　　每见待弟子严厉者易至成德，姑息者多有败行，则父兄之教育所系也。又见有弟子聪颖者忽入下流，庸愚者较为上达，则父兄之培植所关也。人品之不高，总为一"利"字看不破；学业之不进，总为一"懒"字丢不开。德足以感人，而以有德当大权，其感尤速；财足以累己，而以有财处乱世，其累尤深。

017

　　读书无论资性高低，但能勤学好问，凡事思一个所以然，自有义理贯通之日；立身不嫌家世贫贱，但能忠厚老成，所行无一毫苟且处，便为乡党仰望之人。

018

孔子何以恶乡愿，只为他似忠似廉，无非假面孔；孔子何以弃鄙夫，只因他患得患失，尽是俗人心肠。

019

打算精明，自谓得计，然败祖父之家声者，必此人也；朴实浑厚，初无甚奇，然培子孙之元气者，必此人也。

心能辨是非，处事方能决断；人不忘廉耻，立身自不卑污。

忠有愚忠，孝有愚孝，可知"忠孝"二字，不是伶俐人做得来；仁有假仁，义有假义，可知仁义两行，不无奸恶人藏其内。

022

　　权势之徒，虽至亲亦作威福，岂知烟云过眼，已立见其消亡；奸邪之辈，即平地亦起风波，岂知神鬼有灵，不肯听其颠倒。

023

　　自家富贵，不着意里；人家富贵，不着眼里，此是何等胸襟！古人忠孝，不离心头；今人忠孝，不离口头，此是何等志量！

王者不令人放生，而无故却不杀生，则物命可惜也；圣人不责人无过，惟多方诱之改过，庶人心可回也。

大丈夫处事，论是非，不论祸福；士君子立言，贵平正，尤贵精详。

026

求科名之心者，未必有琴书之乐；讲性命之学者，不可无经济之才。

027

泼妇之啼哭怒骂，伎俩要亦无多，惟静而镇之，则自止矣；谗人之簸弄挑唆，情形虽若甚迫，苟淡然置之，是自消矣。

028

肯救人坑坎中，便是活菩萨；能脱身牢笼外，便是大英雄。

029

气性乖张，多是夭亡之子；语言深刻，终为薄福之人。

志不可不高，志不高，则同流合污，无足有为矣；心不可太大，心太大，则舍近图远，难期有成矣。

贫贱非辱，贫贱而谄求于人为辱；富贵非荣，富贵而利济于世为荣。讲大经纶，只是实实落落；有真学问，决不怪怪奇奇。

古人比父子为桥梓，比兄弟为花萼，比朋友为
芝兰，敦伦者，当即物穷理也；今人称诸生曰秀才，
称贡生曰明经，称举人曰孝廉，为士者，当顾名思
义也。

父兄有善行，子弟学之或不肖，父兄有恶行，
子弟学之则无不肖，可知父兄教子弟，必正其身以率
之，无庸徒事言词也。君子有过行，小人嫉之不能
容；君子无过行，小人嫉之亦不能容，可知君子处小
人，必平其气以待之，不可稍形激切也。

034

守身不敢妄为，恐贻羞于父母；创业还需深虑，
恐贻害于子孙。

035

无论做何等人，总不可有势利气；无论习何等
业，总不可有粗浮心。

036

知道自家是何等身份，则不敢虚骄矣；想到他日是哪样下场，则可以发愤矣。

037

常人突遭祸患，可决其再兴，心动于警励也；大家渐及消亡，难期其复振，势成于因循也。

038

天地无穷期，生命则有穷期，去一日便少一日；富贵有定数，学问则无定数，求一分便得一分。

039

处事有何定凭？但求此心过得去；立业无论大小，总要此身做得来。

气性不和平，则文章事功俱无足取；语言多矫饰，则人品心术尽属可疑。

误用聪明，何若一生守拙；滥交朋友，不如终日读书。

042

看书须放开眼孔，做人要立定脚跟。

043

严近乎矜，然严是正气，矜是乖气，故持身贵严，而不可矜；谦似乎诌，然谦是虚心，诌是媚心，故处世贵谦，而不可诌。

财不患其不得，患财得而不能善用其财；禄不患其不来，患禄来而不能无愧其禄。

交朋友增体面，不如交朋友益身心；教子弟求显荣，不如教子弟立品行。

046

君子存心，但凭忠信，而妇孺皆敬之如神，所以君子落得为君子；小人处世，尽设机关，而乡党皆避之若鬼，所以小人枉做了小人。

047

求个良心管我，留些余地处人。

048

一言足以召大祸，故古人守口如瓶，惟恐其覆
坠也；一行足以玷终身，故古人饬躬若璧，惟恐有瑕
疵也。

049

颜子之不较，孟子之自反，是贤人处横逆之方；
子贡之无谄，原思之坐弦，是贤人守贫穷之法。

观朱霞，悟其明丽；观白云，悟其卷舒；观山岳，悟其灵奇；观河海，悟其浩瀚，则俯仰间皆文章也。对绿竹，得其虚心；对黄华，得其晚节；对松柏，得其本性；对芝兰，得其幽芳，则游览处皆师友也。

051

行善济人，人遂得以安全，即在我亦为快意；逞奸谋事，事难必其稳便，可惜他徒自坏心。

052

不镜于水，而镜于人，则吉凶可鉴也；不蹶于山，而蹶于垤，则细微宜防也。

053

凡事谨守规模，必不大错；一生但足衣食，便称小康。

十分不耐烦，乃为人之大病；一味学吃亏，是处事之良方。

习读书之业，便当知读书之乐；存为善之心，不必邀为善之名。

知往日所行之非，则学日进矣；见世人可取者多，则德日进矣。

057

敬他人，即是敬自己；靠自己，胜于靠他人。

058

见人善行，多方赞成；见人过举，多方提醒，此长者待人之道也。闻人誉言，加意奋勉；闻人谤语，加意警惕，此君子修己之功也。

奢侈足以败家，悭吝亦足以败家。奢侈之败家，犹出常情；而悭吝之败家，必遭奇祸。庸愚足以覆事，精明亦足以覆事。庸愚之覆事，犹为小咎；而精明之覆事，必是大凶。

种田人，改习尘市生涯，定为败路；读书人，干与衙门词讼，便入下流。

常思某人境界不及我，某人命运不及我，则可以自足矣；常思某人德业胜于我，某人学问胜于我，则可以自惭矣。

读《论语》公子荆一章，富者可以为法；读《论语》齐景公一章，贫者可以自兴。舍不得钱，不能为义士；舍不得命，不能为忠臣。

063

　富贵易生祸端，必忠厚谦恭，才无大患；衣禄
原有定数，必节俭简省，乃可久延。

064

　作善降祥，不善降殃，可见尘世之间已分天堂
地狱；人同此心，心同此理，可见庸愚之辈不隔圣域
贤关。

065

　　和平处事，勿矫俗以为高；正直居心，勿设机以为智。

066

　　君子以名教为乐，岂如嵇阮之逾闲；圣人以悲悯为心，不取沮溺之忘世。

067

纵子孙偷安，其后必至耽酒色而败门庭；教子孙谋利，其后必至争货财而伤骨肉。

068

谨守父兄教诲，沉实谦恭，便是醇潜子弟；不改祖宗成法，忠厚勤俭，定为悠久人家。

莲朝开而暮合，至不能合，则将落矣，富贵而无收敛意者，尚其鉴之。草春荣而冬枯，至于极枯，则又生矣，困穷而有振兴志者，亦如是也。

伐字从戈，矜字从矛，自伐自矜者，可为大戒；仁字从人，义字从我，讲仁讲义者，不必远求。

家纵贫寒，也须留读书种子；人虽富贵，不可忘稼穑艰辛。

072

　　俭可养廉，觉茅舍竹篱，自饶清趣；静能生悟，即鸟啼花落，都是化机。一生快活皆庸福，万种艰辛出伟人。

073

　　济世虽乏资财，而存心方便，即称长者；生资虽少智慧，而虑事精详，即是能人。

074

　　一室闲居，必常怀振卓心，才有生气；同人聚处，须多说切直话，方见古风。

观周公之不骄不吝，有才何可自矜；观颜子之若无若虚，为学岂容自足。门户之衰，总由于子孙之骄惰；风俗之坏，多起于富贵之奢淫。

孝子忠臣，是天地正气所钟，鬼神亦为之呵护；圣经贤传，乃古今命脉所系，人物悉赖以裁成。

饱暖人所共羡，然使享一生饱暖，而气昏志惰，岂足有为？饥寒人所不甘，然必带几分饥寒，则神紧骨坚，乃能任事。

愁烦中具潇洒襟怀，满抱皆春风和气；暗昧处见光明世界，此心即白日青天。

　　势利人装腔作调，都只在体面上铺张，可知其百为皆假；虚浮人指东画西，全不问身心内打算，定卜其一事无成。

　　不忮不求，可想见光明境界；勿忘勿助，是形容涵养功夫。

数虽有定，而君子但求其理，理既得，数亦难违；变固宜防，而君子但守其常，常无失，变亦能御。

和为祥气，骄为衰气，相人者不难以一望而知；善是吉星，恶是凶星，推命者岂必因五行而定？

人生不可安闲，有恒业，才足收放心；日用必须简省，杜奢端，即以昭俭德。

084

　　成大事功，全仗着秤心斗胆；有真气节，才算得铁面铜头。

085

　　但责己，不责人，此远怨之道也；但信己，不信人，此取败之由也。

086

　　无执滞心，才是通方士；有做作气，便非本色人。

087

　　耳目口鼻，皆无知识之辈，全靠着心作主人；
身体发肤，总有毁坏之时，要留个名称后世。

088

　　有生资，不加学力，气质究难化也；慎大德，
不矜细行，形迹终可疑也。

089

世风之狡诈多端，到底忠厚人颠扑不破；末俗以繁华相尚，终觉冷淡处趣味弥长。

090

能结交直道朋友，其人必有令名；肯亲近耆德老成，其家必多善事。

091

　　为乡邻解纷争，使得和好如初，即化人之事也；
为世俗谈因果，使知报应不爽，亦劝善之方也。

092

　　发达虽命定，亦由肯做功夫；福寿虽天生，还
是多积阴德。

093

常存仁孝心，则天下凡不可为者皆不忍为，所以孝居百行之先；一起邪淫念，则生平极不欲为者皆不难为，所以淫是万恶之首。

094

自奉必减几分方好，处世能退一步为高。

守分安贫，何等清闲，而好事者偏自寻烦恼；
持盈保泰，总须忍让，而恃强者乃自取灭亡。

人生境遇无常，须自谋吃饭之本领；人生光阴
易逝，要早定成器之日期。

097

川学海而至海，故谋道者不可有止心；莠非苗而似苗，故穷理者不可无真见。

098

守身必谨严，凡足以戕吾身者宜戒之；养心须淡泊，凡足以累吾心者勿为也。

人之足传，在有德，不在有位；世所相信，在能行，不在能言。

与其使乡党有誉言，不如令乡党无怨言；与其为子孙谋产业，不如教子孙习恒业。

101

多记先正格言，胸中方有主宰；闲看他人行事，眼前即是规箴。

102

陶侃运甓官斋，其精勤可企而及也；谢安围棋别墅，其镇定非学而能也。

但患我不肯济人，休患我不能济人；须使人不忍欺我，勿使人不敢欺我。

何谓享福之人？能读书者便是；何谓创家之人？能教子者便是。

105

子弟天性未漓，教易行也，则体孔子之言以劳之，勿溺爱以长其自肆之心；子弟习气已坏，教难行也，则守孟子之言以养之，勿轻弃以绝其自新之路。

106

忠实而无才，尚可立功，心志专一也；忠实而无识，必至偾事，意见多偏也。

107

　人虽无艰难之时，却不可忘艰难之境；世虽有侥幸之事，断不可存侥幸之心。

108

　心静则明，水止乃能照物；品超斯远，云飞而不碍空。

109

清贫乃读书人顺境，节俭即种田人丰年。

110

正而过则迂，直而过则拙，故迂拙之人犹不失为正直；高或入于虚，华或入于浮，而虚浮之士究难指为高华。

111

人知佛老为异端，不知凡背乎经常者，皆异端也；人知杨墨为邪说，不知凡涉于虚诞者，皆邪说也。

112

图功未晚，亡羊尚可补牢；浮慕无成，羡鱼何如结网。

113

道本足于身，以实求来，则常若不足矣；境难
足于心，尽行放下，则未有不足矣。

114

读书不下苦功，妄想显荣，岂有此理？为人全
无好处，欲邀福庆，从何得来？

才觉己有不是，便决意改图，此立志为君子也；明知人议其非，偏肆行无忌，此甘心做小人也。

淡中交耐久，静里寿延长。

凡遇事物突来，必熟思审处，恐贻后悔；不幸家庭衅起，须忍让曲全，勿失旧欢。

聪明勿使外散，古人有矿以塞耳、旒以蔽目者矣；耕读何妨兼营，古人有出而负耒、入而横经者矣。

身不饥寒，天未曾负我；学无长进，我何以对天。

不与人争得失，惟求己有知能。

121

为人循矩度，而不见精神，则登场之傀儡也；
做事守章程，而不知权变，则依样之葫芦也。

122

文章是山水化境，富贵乃烟云幻形。

123

郭林宗为人伦之鉴，多在细微处留心；王彦方
化乡里之风，是从德义中立脚。

天下无憨人，岂可妄行欺诈；世人皆苦人，何能独享安闲。

甘受人欺，定非懦弱；自谓予智，终是糊涂。

126

漫夸富贵显荣，功德文章要可传诸后世；任教声名煊赫，人品心术不能瞒过史官。

127

神传于目，而目则有胞，闭之可以养神也；祸出于口，而口则有唇，阖之可以防祸也。

　　富家惯习骄奢，最难教子；寒士欲谋生活，还是读书。

人犯一"苟"字，便不能振；人犯一"俗"字，便不可医。

有不可及之志，必有不可及之功；有不忍言之心，必有不忍言之祸。

131

事当难处之时，只让退一步，便容易处矣；功到将成之候，若放松一着，便不能成矣。

132

无财非贫，无学乃为贫；无位非贱，无耻乃为贱；无年非夭，无述乃为夭；无子非孤，无德乃为孤。

知过能改，便是圣人之徒；恶恶太严，终为君
子之病。

士必以诗书为性命，人须从孝悌立根基。

德泽太薄，家有好事，未必是好事，得意者何可自矜？天道最公，人能苦心，断不负苦心，为善者须当自信。

把自己太看高了，便不能长进；把自己太看低了，便不能振兴。

古之有为之士，皆不轻为之士；乡党好事之人，必非晓事之人。

偶缘为善受累，遂无意为善，是因噎废食也；明识有过当规，却讳言有过，是讳疾忌医也。

宾入幕中，皆沥胆披肝之士；客登座上，无焦头烂额之人。

地无余利，人无余力，是种田两句要言；心不外弛，气不外浮，是读书两句真诀。

成就人才，即是栽培子弟；暴殄天物，自应折磨儿孙。

142

和气迎人，平情应物；抗心希古，藏器待时。

143

矮板凳，且坐着；好光阴，莫错过。

144

天地生人，都有一个良心；苟丧此良心，则其去禽兽不远矣。圣贤教人，总是一条正路；若舍此正路，则常行荆棘之中矣。

145

世上言乐者，但曰读书乐，田家乐，可知务本业者，其境常安；古之言忧者，必曰天下忧，廊庙忧，可知当大任者，其心良苦。

146

天虽好生，亦难救求死之人；人能造福，即可
邀悔祸之天。

147

薄族者，必无好儿孙；薄师者，必无佳子弟，
吾所见亦多矣。恃力者，忽逢真敌手；恃势者，忽逢
大对头，人所料不及也。

148

为学不外"静、敬"二字，教人先去"骄、惰"
二字。

人得一知己，须对知己而无惭；士既多读书，必求读书而有用。

以直道教人，人即不从，而自反无愧，切勿曲以求荣也；以诚心待人，人或不谅，而历久自明，不必急于求白也。

粗粝能甘，必是有为之士；纷华不染，方称杰
出之人。

性情执拗之人，不可与谋事也；机趣流通之士，
始可与言文也。

153

不必于世事件件皆能，惟求与古人心心相印。

154

夙夜所为，得无抱惭于衾影；光阴已逝，尚期收效于桑榆。

155

　　念祖考创家基，不知栉风沐雨，受多少苦辛，才能足食足衣，以贻后世；为子孙计长久，除却读书耕田，恐别无生活，总期克勤克俭，毋负先人。

156

　　但作里中不可少之人，便为于世有济；必使身后有可传之事，方为此生不虚。

　　齐家先修身，言行不可不慎；读书在明理，识见不可不高。

　　桃实之肉暴于外，不自吝惜，人得取而食之，食之而种其核，犹饶生气焉，此可见积善者有余庆也；栗实之肉秘于内，深自防护，人乃破而食之，食之而弃其壳，绝无生理矣，此可知多藏者必厚亡也。

159

求备之心，可用之以修身，不可用之以接物；知足之心，可用之以处境，不可用之以读书。

160

有守虽无所展布，而其节不挠，故与有猷有为而并重；立言即未经起行，而于人有益，故与立功立德而并传。

遇老成人，便肯殷殷求教，则向善必笃也；听切实话，觉得津津有味，则进德可期也。

有真性情，须有真涵养；有大识见，乃有大文章。

163

为善之端无尽，只讲一"让"字，便人人可行；立身之道何穷，只得一"敬"字，便事事皆整。

164

自己所行之是非，尚不能知，安望知人；古人以往之得失，且不必论，但须论己。

165

治术必本儒术者，念念皆仁厚也；今人不及古
人者，事事皆虚浮也。

166

莫大之祸，起于须臾之不忍，不可不谨。

167

家之长幼，皆倚赖于我，我亦尝体其情否也？
士之衣食，皆取资于人，人亦曾受其益否也？

168

富不肯读书，贵不肯积德，错过可惜也；少不肯事长，愚不肯亲贤，不祥莫大焉。

169

自虞廷立五伦为教，然后天下有大经；自紫阳集四子成书，然后天下有正学。

　　意趣清高，利禄不能动也；志量远大，富贵不
能淫也。

　　最不幸者，为势家女作翁姑；最难处者，为富
家儿作师友。

172

钱能福人，亦能祸人，有钱者不可不知；药能生人，亦能杀人，用药者不可不慎。

173

凡事勿徒委于人，必身体力行，方能有济；凡事不可执于己，必广思集益，乃罔后艰。

174

耕读固是良谋，必工课无荒，乃能成其业；仕
宦虽称显贵，若官箴有玷，亦未见其荣。

175

儒者多文为富，其文非时文也；君子疾名不称，
其名非科名也。

176

　　"博学笃志，切问近思"，此八字，是收放心的功夫；"神闲气静，智深勇沉"，此八字，是干大事的本领。

177

　　何者为益友？凡事肯规我之过者是也；何者为小人？凡事必徇己之私者是也。

待人宜宽，惟待子孙不可宽；行礼宜厚，惟行嫁娶不必厚。

事但观其已然，便可知其未然；人必尽其当然，乃可听其自然。

180

　　观规模之大小，可以知事业之高卑；察德泽之
浅深，可以知门祚之久暂。

181

　　义之中有利，而尚义之君子，初非计及于利也；
利之中有害，而趋利之小人，并不顾其为害也。

　　小心谨慎者，必善其后，畅则无咎也；高自位置者，难保其终，亢则有悔也。

　　耕所以养生，读所以明道，此耕读之本原也，而后世乃假以谋富贵矣；衣取其蔽体，食取其充饥，此衣食之实用也，而时人乃藉以逞豪奢矣。

184

人皆欲贵也，请问一官到手，怎样施行？人皆欲富也，且问万贯缠腰，如何布置？

185

文、行、忠、信，孔子立教之目也，今惟教以文而已；志道、据德、依仁、游艺，孔门为学之序也，今但学其艺而已。

186

　　隐微之衍，即干宪典，所以君子怀刑也；技艺
之末，无益身心，所以君子务本也。

187

　　士既知学，还恐学而无恒；人不患贫，只要贫
而有志。

188

　　用功于内者，必于外无所求；饰美于外者，必其中无所有。

189

　　盛衰之机，虽关气运，而有心者必贵诸人谋；性命之理，固极精微，而讲学者必求其实用。

190

　　鲁如曾子，于道独得其传，可知资性不足限人也；贫如颜子，其乐不因以改，可知境遇不足困人也。

191

　　敦厚之人，始可托大事，故安刘氏者，必绛侯也；谨慎之人，方能成大功，故兴汉室者，必武侯也。

以汉高祖之英明，知吕后必杀戚姬，而不能救止，盖其祸已成也；以陶朱公之智计，知长男必杀仲子，而不能保全，殆其罪难宥乎？

处世以忠厚人为法，传家得勤俭意便佳。

二一二

194

　　紫阳补《大学·格致》之章，恐人误入虚无，而必使之即物穷理，所以维正教也；阳明取孟子良知之说，恐人徒事记诵，而必使之反己省心，所以救末流也。

195

　　人称我善良则喜，称我凶恶则怒，此可见凶恶非美名也，即当立志为善良；我见人醇谨则爱，见人浮躁则恶，此可见浮躁非佳士也，何不反身为醇谨。

　　处事要宽平，而不可有松散之弊；持身贵严厉，
而不可有激切之形。

　　天有风雨，人以宫室蔽之；地有山川，人以舟
车通之，是人能补天地之阙也，而可无为乎？人有性
理，天以五常赋之；人有形质，地以六谷养之，是天
地且厚人之生也，而可自薄乎？

　　人之生也直，人苟欲生，必全其直；贫者士之常，士不安贫，乃反其常。进食需箸，而箸亦只悉随其操纵所使，于此可悟用人之方；作书需笔，而笔不能必其字画之工，于此可悟求己之理。

　　家之富厚者，积田产以遗子孙，子孙未必能保，不如广积阴功，使天眷其德，或可少延；家之贫穷者，谋奔走以给衣食，衣食未必能充，何若自谋本业，知民生在勤，定当有济。

200

　　言不可尽信，必揆诸理；事未可遽行，必问诸心。

201

　　兄弟相师友，天伦之乐莫大焉；闺门若朝廷，家法之严可知也。

友以成德也，人而无友，则孤陋寡闻，德不能成矣；学以愈愚也，人而不学，则昏昧无知，愚不能愈矣。

明犯国法，罪累岂能幸逃？白得人财，赔偿还要加倍。

204

浪子回头，仍不惭为君子；贵人失足，便贻笑
于庸人。

205

饮食男女，人之大欲存焉，然人欲既胜，天理
或亡，故有道之士，必使饮食有节，男女有别。

东坡《志林》有云："人生耐贫贱易，耐富贵难；安勤苦易，安闲散难；忍疼易，忍痒难。能耐富贵、安闲散、忍痒者，必有道之士也。"余谓如此精爽之论，足以发人深省，正可于朋友聚会时，述之以助清谈。

207

余最爱《草庐日录》有句云："淡如秋水贫中味，和若春风静后功。"读之觉矜平躁释，意味深长。

208

敌加于己，不得已而应之，谓之应兵，兵应者胜。利人土地，谓之贪兵，兵贪者败。此**魏**相论兵语也。然岂独用兵为然哉？凡人事之成败，皆当作如是观。

209

凡人世险奇之事，决不可为，或为之而幸获其利，特偶然耳，不可视为常然也。可以为常者，必其平淡无奇，如耕田读书之类是也。

忧先于事，故能无忧；事至而忧无救于事。此
唐史李绛语也。其警人之意深矣，可书以揭诸座右。

尧、舜大圣，而生朱、均；瞽、鲧至愚，而生
舜、禹。揆以余庆余殃之理，似觉难凭。然尧、舜之
圣，初未尝因朱、均而灭；瞽、鲧之愚，亦不能因
舜、禹而掩，所以人贵自立也。

程子教人以静，朱子教人以敬，静者心不妄动之谓也，敬者心常惺惺之谓也。又况静能延寿，敬则日强，为学之功在是，养生之道亦在是，静敬之益人大矣哉，学者可不务乎？

卜筮以龟筮为重，故必龟从筮从乃可言吉。若二者有一不从，或二者俱不从，则宜其有凶无吉矣。乃《洪范》稽疑之篇，则于龟从筮逆者，仍曰作内吉；于龟筮共违于人者，仍曰用静吉。是知吉凶在人，圣人之垂戒深矣。人诚能作内而不作外，用静而不用作，循分守常，斯亦安往而不吉哉！

214

每见勤苦之人绝无癌疾，显达之士多出寒门，此亦盈虚消长之机，自然之理也。

215

欲利己，便是害己；肯下人，终能上人。

216

古之克孝者多矣，独称虞舜为大孝，盖能为其难也；古之有才者众矣，独称周公为美才，盖能本于德也。

217

不能缩头者，且休缩头；可以放手者，便须
放手。

218

居易俟命，见危授命，言命者，总不外顺受
其正；木讷近仁，巧令鲜仁，求仁者，即可知从人
之方。

219

见小利，不能立大功；存私心，不能谋公事。

220

正己为率人之本，守成念创业之艰。

221

在世无过百年，总要作好人、存好心，留个后代榜样；谋生各有恒业，那得管闲事、说闲话，荒我正经工夫。

图书在版编目（CIP）数据

处世妙品 /（清）张潮等撰 . — 北京：中华书局，2020.8
（2025.4重印）
ISBN 978-7-101-14679-0

Ⅰ . 处… Ⅱ . 张… Ⅲ . 个人 – 修养 – 中国 – 明清时代
Ⅳ . B825

中国版本图书馆 CIP 数据核字（2020）第 136399 号

处世妙品（全四册）

幽梦影 菜根谭 小窗幽记 围炉夜话

撰 者	〔清〕张 潮
	〔明〕洪应明
	〔明〕陈继儒
	〔清〕王永彬
责任印制	管 斌
出版发行	中华书局
	（北京市丰台区太平桥西里 38 号 100073）
	http://www.zhbc.com.cn
	E-mail:zhbc@zhbc.com.cn
印 刷	三河市中晟雅豪印务有限公司
版 次	2020 年 8 月第 1 版
	2025 年 4 月第 4 次印刷
规 格	开本 /787*1092 毫米 1/32
	印张 28¾ 插页 8 字数 200 千字
印 数	17001-19000 册
国际书号	ISBN 978-7-101-14679-0
定 价	98.00 元